Edizioni PenareDiverso
Cenacolo Jung Pauli

Bruno Del Medico

# Kvantové zapletení a synchronicita událostí.

Silová pole, úroveň nelokality, mimosmyslové vnímání. Překvapivé vlastnosti kvantové fyziky.

From the original Italian "Entanglement e sincronicità" (2016)

Bruno Del Medico Editore
edizioni@delmedico.it

*„Podle mého osobního názoru nebude pro vědu budoucnosti realita ani psychická, ani fyzická. V jistém smyslu bude věda obojí. Věda tedy nebude výlučně fyzická nebo psychická. Bylo by naprosto žádoucí, aby fyziku a psychiku bylo možné považovat za doplňkové aspekty stejné reality. "*

*(Wolfgang Pauli, Nobelova cena za fyziku, v dopise z roku 1950 Abrahamovi Paisovi)*

## *Úvod. O čem je tato kniha.*

Po mnoho staletí byla mimosmyslová vnímání, jako je telepatie, znamení a jasnovidnost, považována za podvodné fantazie, iluze nebo vynálezy.

Materialistický přístup převládající ve vědeckých kruzích apriori popírá jakoukoli „duchovní“ realitu. Důvodem je, že tyto skutečnosti nejsou v laboratoři ověřitelné.

Navzdory tomu měl každý některé zkušenosti, které věda popřela. Z těchto zkušeností si můžeme vzpomenout na nevysvětlené události, na znamení budoucích událostí nebo na sny, které se stanou skutečností.

Z těchto zkušeností jsme často těžili. To ukazuje, že to nebyly iluzorní zážitky.

Tyto jevy nejsou vzácné a postihují každého. Někteří vědci, kteří mají více otevřené mysli, se chtěli touto otázkou zabývat vědecky. Přemýšleli, jestli existuje způsob, jak porozumět mimosmyslovým zážitkům, aniž by se uchýlili k okultismu, mytologii nebo pseudonáboženským filozofiím. Kniha líčí zkušenosti těchto výzkumníků.

Nyní se konečně objevují důkazy, které vědecky dokazují existenci vyšší úrovně vědomí.

Existuje „kolektivní mysl“, která obsahuje myšlenky a myšlenky společné pro celé lidstvo. Jedná se o psychický vesmír, který můžeme využít ve svůj prospěch. Z tohoto vesmíru přijímáme signály a informace.

V roce 1980 bylo experimentálně potvrzeno „quantum entanglement“. Tato vlastnost je typická pro elementární částice. Všechny částice (atomy, elektrony, fotony) mohou spolu komunikovat, aniž by utrpěly omezení prostoru a času.

To ostře kontrastuje s předpoklady materialistické fyziky.

Ke komunikaci mezi elementárními částicemi dochází v dimenzi, která nepodléhá známým fyzikálním zákonům. Tuto dimenzi lze přirovnat k „Universal Mind“.

Experimenty „Projekt globálního vědomí“ prováděné na Princetonské univerzitě nepochybně prokázaly existenci světového vědomí.

Kniha popisuje takzvanou „kolektivní podvědomou“ teorii vyvinutou slavným psychoterapeutem Carlem Gustavem Jungem. Jungova teorie je velmi podobná novoplatonickému konceptu „Anima mundi“. Tyto teorie jsou potvrzeny v předpovědích kvantové fyziky vyvinutých významnými vědci a laureáty Nobelovy ceny.

Kvantová fyzika dokumentuje existenci úrovně zvané „nelokální“. Na této úrovni elementární částice, přestože jsou odděleny obrovskými vzdálenostmi, o sobě navzájem vědí vše a chovají se, jako by byly jedno.

Z materialistické vize vesmíru zcela založeného na hmotě agregované náhodou se lidstvo posune k novému způsobu chápání reality, kde hmota a psychika koexistují a integrují se.

Zatímco klasická fyzika zůstává dominantní ve světě vnímatelném pro naše smysly, objevují se nové úrovně reality s psychickým obsahem.

Na kvantové úrovni už klasická fyzika neplatí. Samotná hmotná část vesmíru neplní svou funkci. Potřebuje to psychický rozměr, tj. Další úroveň, úroveň nelokality.

Na této úrovni se celý vesmír stává jednou věcí. Už to není tvořeno hmotou, ale energií a informacemi, a je koordinováno silou harmonie, bez níž by existoval pouze chaos.

V nejskrytějších úrovních reality se hmota neobejde bez psychiky. Podobně psychika potřebuje k vyjádření hmotnou část.

Toto vědomí doprovází lidstvo směrem k novému evolučnímu skoku, po kterém materialistická dominance přestane.

Bude nastolena éra spolupráce mezi psychikou a hmotou. Fenomény, které jsou nyní popírány, například mimosmyslové vnímání, se stanou dědictvím běžného používání v každodenním životě.

# Část 1 - Důležitá počáteční témata.

*The person who follows the crowd*
*will usually go no further than the crowd.*
*(Albert Einstein)*

*Kdokoli sleduje masu lidí, nikdy nepůjde dále než masa lidí.*
*(Albert Einstein)*

*Masakr na ulici Baruhill.*

27. října 1992 došlo v Terrigalu, rezidenční čtvrti Bateau Bay na centrálním pobřeží, nedaleko od zalidněného australského města Sydney, k hrozné tragédii.

Ve chvíli šílenství vnikl do domu Thomase Gannana na ulici Baruhill Street muž, který zabil Thomase a jeho dvě dcery: 23letou Kerry a 18letou Lisu.

Šílenec dále zabil svého 27letého syna Davida a další dva lidi, kteří byli v domě.

Pachatel masakru se jmenoval Malcolm Baker.

Podle místních novin The Sidney Morning Herald, které celou záležitost podrobně pokrývaly, se to všechno stalo z pošetilých důvodů. Masakr na Baruhill Street je určitě jednou z epizod, které volají po pomstě před oblohou.

Tváří v tvář těmto případům jsme všichni ohromeni. Zajímalo by nás, proč mohlo dojít k tak ohavnému zločinu. Věřící si mohou položit otázku: Proč to Bůh dovoluje?

Bolest celé komunity byla velká. Třetí dcera Thomase, Julie, která měla v době masakru 17 let, napsala srdcervoucí milostnou báseň pro ztracené blízké, z níž cituji několik veršů:

... now that everything has happened
I wish it were a dream,
but unfortunately it is reality,
even if I can't believe it.

*Obrázek 1. Vpravo je Lisa Gannan. Vedle Lisy je její sestra Kerry, také oběť zabitá Malcolmem Bakerem. Na snímku je také matka dívek.*

The Sydney Morning Herald

Late Edition 60 cents* 46 Pages No 48,409 First Published 1831 Editorial 282 2822; General 282 2833; Classifieds 282 1122 Thursday

# Couple split up before massacre

*Obrázek 2. Přední strana The Sydney Morning Herald se zprávami o masakru.*

Dear Dad, even if you are gone
I always love you..."

*"... Teď, když se všechno stalo."*
*Přál bych si, aby to byl sen,*
*ale bohužel je to realita,*
*i když tomu nemohu uvěřit.*
*Drahý tati, i když jsi pryč*
*Vždy tě miluji..."*

Vzpomněl jsem si na tento strašný masakr, abych dal knize smysl. Když stojíme před otázkou, proč se tyto věci mohou stát, samozřejmě nemáme žádné odpovědi. Můžeme si však představit, že kdyby „někdo“ vydal varování, nestalo by se to.

Mnohokrát za přítomnosti náhlých katastrof různých druhů, jako jsou přírodní katastrofy, existují lidé, kteří tvrdí, že měli „negativní pocity“, díky nimž se dokázali vyhnout tomu nejhoršímu. Proč se to nestane vždy? Proč se to nestane každému? Proč se to nestalo v případě rodiny Gannanových?

*Nepochopitelná předtucha.*

Přesto je možné, že tato rodina dostala varování. Jak jsme viděli z Juliiny uštěpačné básně, dívky Gannanové milovaly psaní a 18letá Lisa také potěšila psaním veršů.

Je zřejmé, že dívka plná života, veselá, slunečná, co jiného by mohla napsat, než hymny na radost?

Učitelka „střední školy“, kterou Lisa navštěvovala, byla tedy nepříjemně překvapena, když si krátce před masakrem přečetla do deníku tyto řádky:

"Why did you come to cry before my grave?
I'm not in the grave, I'm not sleeping.
I am a wandering star in the darkness of the night sky.
Don't cry here anymore,
I'm not in the grave, I live in the dark sky."

*"Proč jsi přišel s pláčem před můj hrob?"*
*Nejsem v hrobě, nespím.*
*Jsem putující hvězda ve tmě noční oblohy.*
*Nepřestávej plakat tady,*
*Nejsem v hrobě, žiji na temné obloze."*

Když se jí učitelka zeptala, proč verše tak plné hořkosti, Lisa odpověděla, že neví, protože se zrodily v její mysli spontánně.

Musíme si však také položit otázku, zda by jim Lisa mohla porozumět.

Lisa byla pravděpodobně varována, ale neznámým, hermetickým jazykem, těžko interpretovatelným. Tento jazyk jí nedával smysl.

Všechny věci, které se kolem nás dějí, podivné náhody, „znamení“, pokud nemají žádný význam, nelze pochopit.

Pokud jsme naopak schopni pochopit bezvýznamnou epizodu, stane se pro nás stejná epizoda významnou náhodou. Psycholog Carl Jung nazývá tyto události „synchronicitou".

Jung věnoval většinu svého života studiu těchto témat. Všichni dostáváme mnoho zpráv v podobě nepolapitelných signálů, zvláštních náhod, často opakovaných kombinací, paralel. Nepovažujeme je však se správnou pozorností.

Stává se to proto, že tyto skutečnosti považujeme za náhodné, ale také proto, že nerozumíme jejich významu. Je těžké uvěřit, že „někomu“ na nás tolik záleží a snaží se nám posílat varování. Proč by to měl dělat? A pokud to chce udělat, proč se nevyjádří jasněji?

*Opačný případ.*

Na rozdíl od interpretačních potíží předchozí epizody věnoval pan Woods mnohem větší pozornost intuicím nebezpečí. Byl senior partnerem v newyorské advokátní kanceláři. Zdá se, že se mu několikrát podařilo vyhnout se bezprostřednímu nebezpečí.

Ve skutečnosti podle velmi rozšířené anekdoty na internetu unikl třem útokům.

Poprvé 21. prosince 1988, kdy měl cestovat letem 103 společnosti Pan Am.

Letoun, Boeing 747-121 s názvem Clipper Maid of the Seas, který letěl z Londýna do New Yorku, explodoval za letu.

K tragédii došlo nad městem Lockerbie ve Skotsku. Při havárii letadla zahynulo 270 lidí, 259 na palubě letadla a 11 na zemi zasažených vraky.

Pan Woods byl zachráněn, protože se vzdal odchodu.

Podruhé, 26. února 1993, unikl teroristickému útoku, proti Světovému obchodnímu centru na Manhattanu. V té době bylo kvůli výbuchu dodávky naložené výbušninami umístěné v podzemním parkovišti 6 mrtvých a více než 1000 zraněných.

Nakonec se pan Woods 11. září 2001 krátce před nárazem letadel, který způsobil kolaps, odtáhl od Twin Towers.

I když tento příběh není zdokumentován přesně, existují desítky podobných, vztahujících se k velmi šťastným lidem, nebo ... tito lidé velmi pozorně sledovali psychická varování.

*Kolik váží duše?*

Kolem nás je mnoho věcí, kterým nerozumíme. Je to věčné odsouzení, nebo můžeme doufat, že dříve nebo později najdeme způsob, jak osvětlit?
Všechno nasvědčuje tomu, že mnoho lidských schopností není známo, skutečně existují některé, které si ani neumíme představit. Ostatní schopnosti jsou pouze intuitivní, další, jako je vize budoucnosti a telepatie, přísaháme, že existují, ale nevíme, jak je správně používat.
V minulých stoletích vědecké předsudky o realitě vesmíru popíraly jakoukoli možnost zapojení psychických realit do fungování přírody.
Svět kolem nás je považován za směs „pevné hmoty" podléhající mechanistickým pravidlům. Podle této koncepce jsou normální pouze věci, které lze zvážit a měřit, všechno ostatní je čistá iluze, jako by neexistovala.

*Jsou zapotřebí přesnější metody vážení.*

S příchodem osvícenství, kulturního a filozofického hnutí, které se v Evropě vyvinulo kolem 18. století, bylo konstatováno, že pokud duše existuje, musí být možné měřit její váhu. Je to proto, že nemohla existovat duše vyrobená pouze z „ducha".
Proto bylo rozhodnuto zvážit umírající krátce před a krátce po smrti, aby se zjistilo, zda se jejich váha liší.

Protože bylo zjištěno, že váha zůstala stejná, došlo k závěru, že duše zcela neexistovala.

Myslel jsem, že tento experiment lze považovat za směšný bez přidání komentářů. Místo toho jsem dostal zprávu, že to někdo chce opakovat v naší době.

Film s názvem „21 gramů" byl natočen v roce 2003 a je založen na experimentech z roku 1901, které vedl Dr. Duncan MacDougall v Dorchesteru. Existuje mnoho měst s tímto názvem, ale zde máme na mysli město v Massachusetts (USA).

Vědec měl v úmyslu prokázat, že lidská duše má hmotu, a proto je měřitelná pomocí přesnějších vážících nástrojů, než jaké se používaly v roce 1700. Ověřil tedy váhu šesti umírajících před, po a v samém okamžiku smrti. Došel k závěru, že duše váží 21 gramů, a tudíž i název filmu.

Pro větší bezpečnost lékař stejnou metodou zvážil i psa a zjistil, že v takovém případě zůstává hmotnost stejná. Došel k závěru, že duše mají pouze lidské bytosti, zvířata nikoli.

*Ale vše je třeba předělat!*

Dokud věda předstírá, že má materialistický přístup tohoto druhu, v dialogu mezi vědou a psychikou nebude dosaženo žádného pokroku. To, co chceme v této knize potvrdit, je, že realita není složena pouze z hmoty.

Otázky, které si klademe, jsou po celá staletí stejné:

- Je možné, že psychika má také místo ve vesmíru vytvořeném z hmoty?

- Existuje vztah mezi psychikou a hmotou a jaké jsou jeho základy?
- Žije naše osobní svědomí uzavřeno v sobě nebo má možnost komunikovat se všemi ostatními svědomím vesmíru?
- A jaké jsou „jiné svědomí"?
- Jakými prostředky může probíhat tato komunikace mezi svědomím?
- A konečně, existuje globální vědomí, „nadvědomí", které spojuje a sjednocuje všechna jednotlivá vědomí?

Jakkoli se tyto problémy mohou zdát složité, není nemožné přiblížit se k jejich porozumění. Mnoho z nich pracuje na usnadnění úkolu. Tito vědci to dělají vážně a vědeckou metodou.

V této knize představuji objevy, experimenty a zkušenosti nejznámějších vědců z předmětů zapojených do tohoto výzkumu, od psychologie po kvantovou fyziku.

Mít schopnost zkoumat tato témata, spíše než je z vědeckého hlediska hodnotit jako nevlivné, může přispět k objektivnímu pochopení schopností naší mysli a toho, jak zvládá dialog s univerzální myslí.

Ve své roli popularizátora se pokusím odhalit všechny různé hypotézy, aniž bych je upřednostňoval. Rovněž doufám, že nevyloučím žádnou hypotézu založenou na seriózně provedeném výzkumu.

Vyhnu se hypotézám založeným na filosofických nebo para-náboženských spekulacích nebo na věcech nového věku. Určitě zpochybním pouze jednu teorii, absolutní materialismus.

*Normální a paranormální.*

Tvrzení, že psychické jevy jsou „nadpřirozené“, je velmi diskutabilní. Něco lze nazvat „neobvyklým“, pokud se to nestává často nebo se to nestane většině lidí. Všichni však víme, a to i z vlastní zkušenosti, že mimosmyslové vnímání se vyskytuje normálně a často.

Pro tuto kategorii událostí však oficiální věda vytvořila příponu „para“ s čistě negativním významem. Pomocí „para“ definujeme všechny věci, které podle oficiální vědy nelze v laboratoři vážit a měřit, a proto neexistují.

Po tomto kritériu by mnoho témat, o kterých v této knize mluvím, bylo nadpřirozené, prakticky by šlo o klam nebo výsledek mentální sugesce.

Názor mnoha dalších otevřenějších vědců je, že na druhou stranu se jedná o normální události, skutečně velmi normální, protože se jich týká velmi velké množství lidí, často více než jednou.

Proto i já sám definuji tyto události jako jevy, ale ne ve smyslu epizod, kterými se má pohrdat. Termínem jevy budeme označovat neobvyklé skutečnosti, které je třeba dále studovat, aby byly pochopitelné.

Není neobvyklé mít „mentální vizi“, která se poté stává realitou. Také nám všem se může stát, že na dlouhou dobu pomyslíme na člověka, kterého jsme ztratili z dohledu, a krátce nato od něj můžeme obdržet telefonát.

Podobně se nám často podaří duševně sdílet s blízkými některé myšlenky, které nám přišly v srdci. Ke sdílení dochází, i když jsme tyto myšlenky nikdy předtím nevyjádřili.

Prakticky každý z nás měl někdy pocit, že nás někdo sleduje. Pak jsme se otočili a ověřili jsme, že na nás někdo opravdu zírá.

Pro zastánce materialismu jsou to pouhé případy nebo iluze vyzrálé v mozkové hmotě.

Podle materialistů je schopnost lidského myšlení založena na výměně elektrochemických signálů v mozku. Tyto výměny probíhají uvnitř lebky. Nic nemůže vyjít.

Proto je zcela vyloučena možnost, že myšlenky vycházejí z naší hlavy nebo vstupují do naší hlavy přicházející z jiných hlav.

Všechno, co si představujeme, se rodí a umírá v našem mozku, nemá šanci se dostat ven. Naše myšlenky nemohou cestovat do vesmíru a nemohou dosáhnout jiných mozků.

Někteří říkají, že by bylo možné přenášet signály spojením dvou mozků elektrickým kabelem. Nebo by byl zapotřebí wi-fi systém schopný výměny signálů mezi mozky.

Podle nich je wi-fi systém založený na telepatii, tj. Na výměně čistého myšlení, bez fyzických spojení, zcela nemyslitelný. Ačkoli se zdá, že telepatické jevy se vyskytují, podle materialistické vědy k nim nedochází. Rozhodli se.

V tomto okamžiku stojí za to se ptát, co je věda. Možná je věda systém, ve kterém vše probíhá podle předsudků většiny?,

Nebo je věda systém, ve kterém se provádí výzkum, aniž by byla vyloučena jakákoli možnost? Je třeba vzít v úvahu, že příliš mnoho neomylných učitelů muselo změnit svou víru. bohužel se často stává, že se mylné víry změní až poté, co budou všem vnuceny po dlouhou dobu.

Počínaje staletími osvícenství a až do posledních let byl materialismus jedinou možnou realitou. A konečně, od poloviny minulého století odhalení kvantové fyziky vymazali mnoho mylných představ.

Od příchodu kvantové fyziky si malá menšina osvícených myslí otevřela nové obzory. Tito vědci se neustále zvyšují, protože vědecké důkazy činí materialistické teorie zastaralými.

Tito muži přehodnotili koncept psychiky. Psychika se spolu s hmotou stala podstatnou součástí popisu reality.

První organizací věnovanou vědecky podloženému studiu mimosmyslových realit byla „Britská společnost pro psychický výzkum"..

*British Society for Psychical Research*

V roce 1882 vytvořili tuto společnost tři členové „Trinity College" v Cambridge. Jmenovali se Chiaman Edmund Gurney, Frederic Myers a Henry Sidgwick. Na založení se podílel také Edmund Rogers

BSPR je neziskové sdružení založené za tímto účelem: „Studovat události a kapacity obecně definované jako mediumistické nebo nadpřirozené propagací a podporou důležitého výzkumu v této oblasti".

Společnost byla dále vytvořena, aby „vědecky a nestranně zkoumala paranormální jevy".

Proto se BSPR zrodilo právě proto, aby provedlo dobrý výzkum parapsychologických nebo paranormálních jevů a vyhodnotilo, kolik pravdy tam bylo.
Výzkum se zaměřil na šest oblastí:
- telepatie;
- mesmerismus nebo magnetismus;
- mediumismus; -
- zjevení;
- fyzické jevy, ke kterým došlo během seancí;
- historie všech těchto jevů.

Sdružení má v současné době sídlo v Londýně a Cambridge. Francouzská pobočka SPR byla založena v roce 1885 jako „Société Francaise pour les Recherches Psychiques“ (SFRP). Následně byla založena americká pobočka „American Society for Psychical Research“ (ASPR).
Někteří slavní podporovatelé sdružení byli Carl Gustav Jung, Mark Twain, Lewis Carroll, Carl Alfred, Lord Tennyson, J. B. Rhine a Arthur Conan Doyle.
Činnost sdružení pokračuje vydáváním čtvrtletníku „Journal of the Society for Psychical Research“ (JSPR)

*Stále nestačí.*

Příjem oficiální vědy v konfrontaci s BSPR byl chladný. Hermann Ludwig Ferdinand von Helmholtz, německý lékař, fyziolog a fyzik. byl jedním z nejvíce mnohostranných vědců své doby. Z tohoto důvodu byl přezdíván Kanzler der Physik (kancléř fyziky). Prohlásil velmi rozhodně:

Nikdy nevěřím v přenos myšlenek mezi různými lidmi. Nezměním názor ani před svědectvím všech členů BSPR. Ve skutečnosti nezměním názor, i když to vidím na vlastní oči.

Podobná prohlášení byla učiněna také v případě přenosu hlasu a obrazu. Rádiové vlny však byly později objeveny.
Možná, že objev „psychických vln", které v současnosti běžná fyzika nezná, donutí mnoho lidí znovu přemýšlet.
Na kvantové úrovni jsou považovány za možné „psychické vlny" nebo něco velmi podobného a jsou studovány.
Věda je bohužel velmi konformní a každý se přizpůsobuje stávající situaci, zejména pokud má co ztratit. Situace ve světě výzkumu je zklamáním. Závažných studií o mimosmyslovém vnímání je stále velmi málo.
Ve skutečnosti, pokud by někdo chtěl obrátit svůj zájem na oblast paranormálních jevů, určitě by nenašel financování a vážně by ohrozil svou kariéru.
Naštěstí se věci mění, i když pomalu. Materialismus je nyní zastaralá doktrína.
Bohužel stále existují velké skupiny, tvrdohlavě odhodlané bránit materialistické teorie. Vypadají jako poslední Japonci zabarikádovaní v pevnostech tichomořských ostrůvků, ti, kteří nechtěli přijmout realitu. Realitou pro ně je, že válka skončila porážkou.

*Zdi Jericha se hroutí.*

Existují některé nedávné objevy, tak neočekávané, jak jsou zdokumentovány a potvrzeny, které narušují víru fyziky v posledních stoletích a mohou rozhodujícím způsobem ovlivnit porozumění mimosmyslovým jevům (ESP).

Odhalení posledních let, zejména v oblasti kvantové fyziky a ve studiu vesmíru, poskytují zcela odlišný pohled na realitu.

Zmíním několik novinek, které jsou užitečné pro pochopení následujících kapitol.

*„Nevyžádaná DNA"*

V molekulární biologii je „nekódující DNA" definována jako jakákoli sekvence DNA, která nepodléhá transkripci do RNA. Jednoduše řečeno, „nekódující DNA" nemá žádné známé funkce, nikdo neví, k čemu slouží. Zjevný nedostatek užitečnosti pro tuto DNA vedl k zavedení termínu odpadní DNA.

Bylo formulováno několik hypotéz. Jedinou jistotou však je, že přibližně 98,5% lidského genomu je složeno z nekódujících sekvencí, tj. „Zbytečné DNA".

I s ohledem na jiné metody výpočtu zůstává procento DNA, které se nejspíš nepoužívá, vysoké (asi 72,5%).

Byly zaznamenány příslušné podobnosti mezi základními páry lidské DNA a těmi, které mají ryby, psi nebo kuřata. Zdá se, že na evoluční cestě existují prvky lidské DNA společné pro druhy vzdálené miliony let. Během této cesty DNA různých druhů udržovala „zbytečnou“ část neporušenou.

Ale nenaučila nás evoluce, že to, co je u druhu zbytečné, je eliminováno nebo nahrazeno vylepšeními?

Je proto velmi pravděpodobné, že celá tato „nevyžádaná DNA“ má nějakou nejasnou roli, velmi odlišnou a pravděpodobně více vyvinutou než role normální DNA.

*Regenerace mozkových buněk.*

Neurobiologie od svého vzniku tvrdí, že mozek dospělých savců (tedy také člověka) nemůže generovat nové nervové buňky. Jak stárneme, mozek se neúprosně rozkládá.

Asi před dvaceti lety, s objevením mozkových kmenových buněk, byla tato jistota zničena a nyní víme, že je možná tvorba nových neuronů v některých oblastech dospělého mozku.

Na základě experimentů na myších mohl mozek každý den produkovat až 10 000 nových neuronů.

Odolnost mozku je enormně větší, než se věřilo před několika desítkami let.

V důsledku toho je třeba přehodnotit funkci a schopnosti lidského mozku. V roce 1980 dokumentoval prestižní vědecký časopis „Science“ případ pacienta léčeného na univerzitě v Sheffieldu ve Velké Británii.

Pacient byl mladý student, který se ukázal být bez mozku. Navzdory tomu měl chlapec IQ 125. Tato

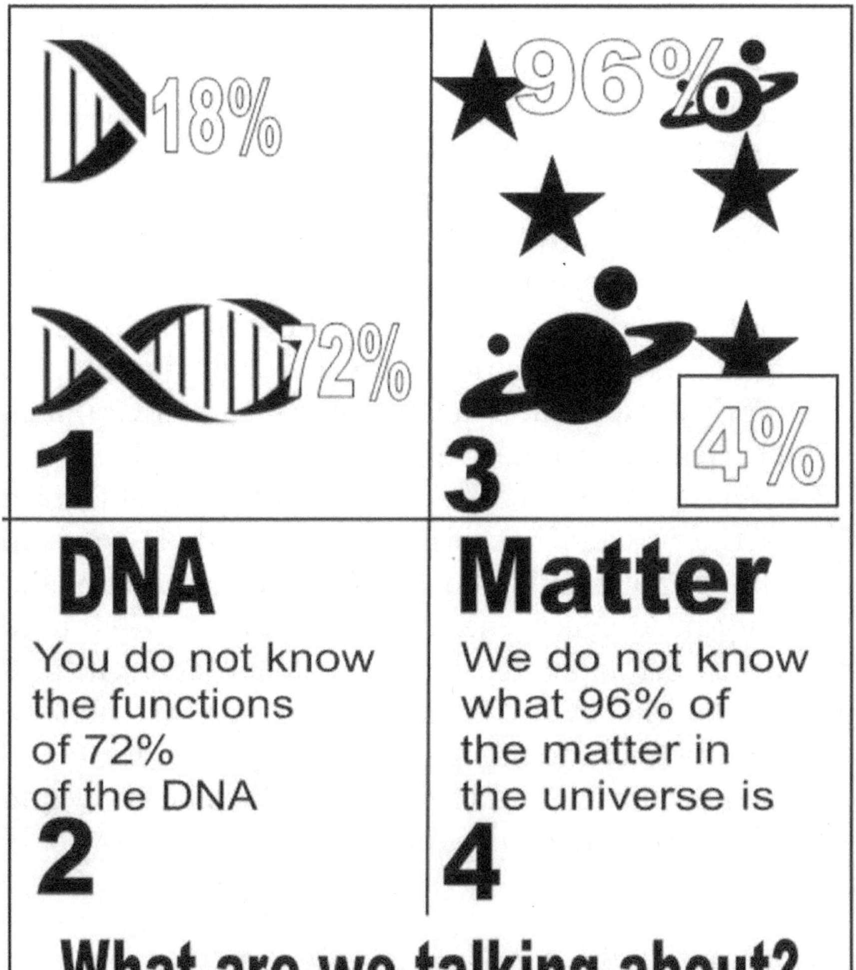


*Obrázek 3. Naše znalosti o světě, ve kterém žijeme, jsou stále tak omezené, že lze říci jen velmi málo a nelze popřít nic.*
*1–2 72% DNA má neznámou funkci.*
*3–4 96% vesmíru tvoří „temná hmota".*

hodnota je určitě nadprůměrná. Ve skutečnosti se mladému muži podařilo absolvovat matematiku s vynikajícími známkami.

(Zdroj: R. Lewin, „Is Your Brain Really Necessary?“, Science 210, 1232–1234, 1980.)

Je známo mnoho dalších případů jedinců, kterým se i přes závažné mozkové vady podaří vést celkem normální život.

Například je dobře známý případ Michelle, mladé ženy z Virginie, která se narodila bez levé poloviny mozku. Tento případ studoval a dokumentoval Jordan Grafman, ředitel „Bethesda Cognitive Neuroscience Unit“.

CICAP publikuje na svých webových stránkách článek, který uvádí, že příběh Michelle byl vyprávěn týdeníky a novinami jako důkaz existence neuronální plasticity nebo neurogeneze. Podle článku CICAP je to nesmysl; neuronální plasticita nemá nic společného s příběhem Michelle. Tento příběh pouze ukazuje adaptabilitu mladého mozku na životní prostředí.

Bude to adaptabilita, faktem je, že Michelle žije velmi dobře jen s polovinou mozku.

*96% vesmíru nelze najít.*

Ti, kdo sledují vývoj astronomického výzkumu, již vědí neuvěřitelnou skutečnost. Když se věřilo, že je nyní vše známo, bylo zjištěno, že 96% vesmíru je tvořeno hmotou, o které víme absolutně nic. Víme jen, že existuje.

Tento materiál není viditelný, není měřitelný, ale víme, že tam je. Pokud by tam nebyl, vesmír by nemohl fungovat tak, jak funguje, na základě gravitačního zákona.

Až dosud byly objevy vesmíru založeny na předpovědích, které se později ukázaly jako správné. Předpovídala se například existence neutrina a existence Higgsova bosonu. Tyto předpovědi byly potvrzeny.

Dnes se předpovídá existence části vesmíru, která se rovná 96%, a říká se jí „temná hmota" právě proto, že je neviditelná a neměřitelná. Čekáme, až bude vědět, zda bude tato předpověď také přesná, nebo zda vesmír takto funguje z nějakého jiného důvodu.

Vrací se mi do úvahy prohlášení lorda Kelvina, jednoho z nejvýznamnějších fyziků jeho doby. V roce 1900, když se zdálo, že Newtonova mechanika a elektromagnetismus vysvětlují veškerou fyzickou realitu, řekl:

*„Ve vědě není nic nového k objevování: zbývá jen provádět stále přesnější měření." Pravděpodobně však v jeho době nebylo objeveno ani 1% reality..*

# Část 2. Duše světa.

*"I simply believe that some part of the human Self or Soul is not subject to the laws of space and time."*
*(Carl Gustav Jung)*

*„Jsem jednoduše přesvědčen, že určitá část Já nebo Duše člověka nepodléhá zákonům prostoru a času".*
*(Carl Gustav Jung)*

*Vědomí, že „vše je jedno“.*

Od úsvitu existence byla myšlenka člověka fascinována a zapojena do konceptu, že stvoření je vzájemně propojeno prostřednictvím celkového pouta. Nejde o odkaz odkazující na hmotu. Je to psychický odkaz, který je nad hmotou.

Pohanství a první animistická náboženství věřila, že každá realita, i ta nejjednodušší, obsahuje duchovní přítomnost, často spojenou s „duší stvoření“.

*Platón a „Anima mundi“.*

Mezi prvními, kdo hovořil o univerzální duši, byl Platón, řecký filozof, který žil v letech 428 až 340 před naším letopočtem. kdo vysvětlil tento koncept v „Timaeus“ a převzal jej ze starodávnějších orientálních tradic. Platón píše takto:

"Wherefore, using the language of probability, we may say that the world became a living creature truly endowed with soul and intelligence by the providence of God". (Plato, Timaeus, chapter VI, 30b-30c)

*„Proto podle pravděpodobné teze je třeba říci, že tento svět se zrodil jako živá bytost skutečně*

*obdařená duší a inteligencí díky božské prozřetelnosti.“ (Platón, Timaeus, kap. VI, 30b-30c)*

Platón měl také problémy s materialismem, představovaným v té době dalším filozofem, Demokritem, který žil v letech 460 až 370 před naším letopočtem. Democritus obhajoval tezi atomismu. Tato práce představuje první myšlenkovou formu, podle které hmota představuje jedinou podstatu a je jedinou příčinou věcí.

Křesťanský filozof Plotinus žil ve třetím století. Odkazuje na myšlenku na Platóna, když ve své práci „Enneidi“ píše takto:

“This universe is a unique animal that contains in itself all the animals, having only one Soul in all its parts”.
(Plotinus, The Enneads IV, 4, 32)

*"Tento vesmír je jedinečné zvíře, které obsahuje všechna zvířata v sobě." Vesmír má ve skutečnosti pouze jednu duši ve všech jejích částech “(Plotinus, Enneadi IV, 4,32)*

Později můžeme rozlišit západní myšlení a východní myšlení.

*„Anima mundi“ podle západního myšlení.*

William z Conches, francouzský akademický filozof dvanáctého století, interpretující myšlenku na křesťanství, s níž je spojen, hovoří o „duši světa“ takto:

> The Soul of the World is a natural energy beings for which some have only the ability to move, the other to grow, others to perceive through the senses, others to judge. The question is ... what is that energy. But, as it seems to me natural that energy is the Holy Spirit, which is a benign and divine harmony that is that from which all realities have to be, to move, to grow, the feeling, the experience, the judge."

> *"Duše světa je přirozenou energií tvorů." Díky této energii mají někteří tvorové schopnost se pohybovat, jiní růst, jiní vnímat smysly, jiní činit soudy. [...]*
> *Chtěli bychom vědět, co to je za energii. Tou přirozenou energií je samozřejmě Duch svatý. Tato energie je božská a benevolentní. Díky této energii mohou všechny věci existovat, růst, pohybovat se, cítit, žít, soudit "*

V 16. století koncept „Duše světa“ podpořil Giordano Bruno. Tento filozof si představoval Boha tak přítomného v přírodě, aby mohl potvrdit, že sama příroda byla Bohem. Filozof Tommaso Campanella také tvrdil, že všechny prvky existující reality mají svědomí.

*„Anima mundi" ve východním myšlení.*

Souběžně s typickými formami Západu se pojem „duše světa" vyvinul také na východě, v náboženstvích, jako je hinduismus, buddhismus a taoismus.

I ve východních náboženstvích nebo filozofiích převládá myšlenka, že vesmír je oživován jednotnou a kompaktní silou.

V Číně je touto silou Tao, tedy činnost, která sjednocuje kosmický dualismus představovaný „jin a jang".

Ve slavném textu „Tao Te Ching" popisuje mistr Lao Tse Tao těmito verši:

There was something undefined and complete, coming into existence before Heaven and Earth.
How still it was and formless,
standing alone, and undergoing no change, reaching everywhere and in no danger. It may be regarded as the Mother of all things.
I do not know its name, and I give it the designation of the Dao. Making an effort to give it a name I
call it The Great.

*Existuje něco, co je bez rozdílu dokonalé.*
*To existuje před zrozením nebe a země.*
*Jak je klidný! A jak je to prázdné!*
*Je nezávislý a neměnný.*
*Tao bloudí v kruzích bez překážek.*
*Můžeme považovat Tao za matku světa.*
*Neznáš jeho jméno.*
*Říkám tomu „Tao".*
*Říkám tomu „Co je skvělé".*

*Toto jméno však nestačí k vyjádření jeho velikosti.*

Carl Jung komentuje tyto verše „Tao Te Ching“ ve své eseji o synchronicitě. V citátu Jung odkazuje na učence Richarda Wilhelma. Wilhelm překládá Tao jako „význam věcí“.
Tao tedy představuje význam realit vesmíru.
Podobně události „synchronicity“ získají smysl pouze tehdy, když osoba, která tuto událost zažívá, přisuzuje význam řadě nesouvisejících skutečností.
„Význam“ popsaný Jungem nemá žádnou fyzickou povahu. Je to výhradně intuice psychiky.
„Tao te ťing“ také obsahuje tyto verše:

"The Tao (meaning) causes things
In a misty, indistinct manner.
So indistinct, so foggy
Images are in him,
so foggy, so indistinct
things are in him ...
....
You look for it with your eyes and you don't see it,
this means, expressed with a name: what is aerial.
He strains his ear and does not hear it,
this means, expressed by a name: the subtle
He holds out his hand and does not grasp it,
this means, with a name: the incorporeal.
...
It means form without form,
the image without a thing.
It means the nebulous-vanished,
you go towards him and you can't see his face,
if you follow it you can't see its back."

*Tao (význam) generuje události.*

*Rodí je mlhavým a nevýrazným způsobem.*
*Jak nevýrazné jsou, jak mlžné jsou mentální obrazy viděné skrz Tao!*
*Jak nevýrazné jsou, jak mlhavé jsou hmotné věci viděné skrz Tao!*
*....*
*Hledáte Tao očima a nevidíte to.*
*Jeho název je „éterický".*
*Napínáte si ucho, abyste slyšeli Tao, a neslyšíte ho.*
*Jeho název je „tenký".*
*Hledáte Tao rukou a nechápete ho,*
*Jmenuje se „bez hmotného těla".*
*...*
*Tao znamená „forma bez formy".*
*Tao znamená „věc bez hmoty".*
*Tao znamená „mlhavý zmizel".*
*Pokud půjdete k Tao, nevidíte jeho tvář.*
*Pokud ho sledujete, nevidíte mu záda.*

Pro hinduismus a buddhismus je „duše světa" „„„ mantman ". Toto je princip „Já, něco individuálního a vnitřního. Tento osobní a intyeruiorový princip je nerozlučně spojen s Brahmanem, univerzálním a vnějším principem.

*Ve „West Side Baptist Church" se stane zázrak.*

V chladný večer ve středu 1. března 1950 se, jako obvykle, scházeli členové sboru baptistické církve ve West Side, která se nachází na 488 West Court ve městě Beatrice v Nebrasce.

Zkoušky pěveckého sboru měly začít v 19.30. Obvykle žádný z patnácti zpěváků nedorazil pozdě, z úcty k ostatním. Závazek byl navíc prováděn s odpovědností těch, kteří byli povoláni ke službě pro slávu Boží.

Tři minuty před startem, přesně v 19:27, kdy byl sbormistr v ruce obvykle připraven na pódium sbormistr, kostel explodoval. Kousky stěn a střechy, nábytek, židle a všechny ostatní části místnosti byly rozházeny všude kolem po desítky metrů. Příčinou, kterou později zjistili hasiči, byla exploze plynu.

Neuvěřitelnou náhodou bylo všech patnáct zpěváků zachráněno, protože ten večer nikdo nepřijel včas. Zejména pastor Reverend Walter Kiempel, jeho manželka a dcera Marilyn Ruth si na poslední chvíli uvědomili, že šaty jejich dcery mají skvrnu a promarnili čas, protože ostatní šaty se musely žehlit.

Herb Kipf, úředník, musel vyplnit naléhavý dopis vedení své společnosti a poté jej šel dát do schránky, aby jej poslal druhý den ráno. Následně také jeho teta, Esther Stuermerová, dorazila s ním pozdě.

Dorothy Wood, mladá studentka, byla zaneprázdněna péčí o svého nemocného otce, a proto měla problémy, které způsobily zpoždění. Vzhledem k tomu, že nebývala daleko od kostela, cestovala vždy pěšky se sousedkou Lucille Jonesovou, která ji neviděla, protože na ni čekala.

Paní Paul, ředitelka sboru, musela svému synovi pomoci s úkolem. Výsledkem bylo, že ona i její dcera Marilyn dorazily pozdě. Harvey Ahl také pozdě v péči o děti. Ladona Vandergrift, Royena Estes a Sadle Esh, kteří cestovali ve stejném autě, měli mechanické problémy.

Joyce Black se nejprve kvůli chladu rozhodla večer nechodit, ale pak odešel. Kvůli nerozhodnosti však dorazil pozdě.

Nakonec Leonard Schuster pomohl své matce připravit se na misionářské setkání a neuvědomil si, že přijde pozdě.

Díky řadě okolností žádný z 15 členů sboru neutrpěl poškození výbuchem. Lze náhodou vysvětlit tento neuvěřitelný řetězec náhod?

Ve skutečnosti se všechna tato „neobvyklá zpoždění“ nezdají normální.

Podle Carla Gustava Junga, když se náhody tak opakují, mohou mít smysl pro ty, kteří v této situaci žijí. Podle Junga se řada podivných skutečností může stát „významnou“.

Studium takzvaných „významných“ náhod umožnilo Jungovi vyvinout „teorii synchronicity“.

Termín „Carl Jungova synchronicita“ označuje souvislost mezi dvěma nebo více událostmi, ke kterým dochází bez jakékoli společné příčiny. Události musí nastat nezávisle. Žádná z událostí nesmí být důsledkem jiné události. Žádná událost nesmí ovlivnit jinou událost v sérii. Události, které tvoří „jungiánskou synchronicitu“, se navíc musí odehrávat v jakémkoli časovém období.

BEATRICE DAILY SUN

on Still
s Gloomy
r Picture

# Gas Is Blamed For Church Explosion

Find 2 Leaks In Main Not Very Distant

Gas May Have Followed Pipe Through Frozen Ground

# Legal Snarls Signing Of C

*Contract May Not Be*
*Lewis Meets With*

Happy Miners Toast Lewis: Rarin' To Go

Coal Diggers Elated Over Chance To Get Back To Work

*Obrázek 4. Přední strana Beatrice Daily Sun se zprávami o výbuchu.*

*Obrázek 5. Budova baptistického kostela ve West Side po výbuchu 1. března 1950.*

Musí však být navzájem rozumně propojeni, i když jsou časově vzdálení.

Ve skutečnosti neexistuje žádný kauzální vztah mezi zpožděním choralistů a výbuchem kostela: výbuch nemůže být příčinou zpoždění. Ve skutečnosti se to stalo později. Podobně zpoždění nejsou příčinou výbuchu.

Je důležité si uvědomit, že součet všech zpoždění se stal důvodem k záchraně pro patnáct lidí. Díky tomu můžeme věřit, že tato událost má zvláštní vlastnosti.

V naší fyzické realitě nikdo nemohl vědět, že církev vybuchne. Ale možná, v jiné úrovni reality, to bylo známo. Na této úrovni čas a prostor neexistují, vše je již známé.

Na úrovni bez minulosti a budoucnosti je vědomí nebezpečí a výskyt stejného nebezpečí přítomno současně a věčně.

Pokud by lidské vědomí mohlo cestovat na tuto úroveň, bylo by předem známo jakékoli nebezpečí. Proto bylo možné zabránit jakémukoli nebezpečí. Tuto cestu bohužel nemůžeme uskutečnit. Někdy se však informace ujme vedení a přijde nás hledat. Informace přicházejí záhadně. Najednou „víme“. V těchto případech můžeme poznat věci, které pocházejí z neznámé moudrosti.

# Část třetí. Synchronicita Carla Junga.

*"Life is a game in reverse. The truth is that all our situations or circumstances have their beginning in our mind. Our idea of who we are create what we become. The great news is that you can change your ideas and change your life. " (Carl Gustav Jung)*

*"Život je hra, která funguje obráceně." Pravdou je, že všechny situace nebo okolnosti, do nichž jsme zapojeni, mají v mysli svůj začátek. Naše představa o tom, kdo jsme, vytváří to, čím se stáváme. Skvělou zprávou je, že můžete změnit přesvědčení o sobě, abyste mohli změnit svůj život. " (Carl Gustav Jung)*

*Carl Gustav Jung. Synchronicita a kolektivní podvědomí.*

Metodou pro definici „Duše světa“ vědečtějším způsobem je její identifikace s teorií zvanou „kolektivní podvědomí“. Tuto teorii vytvořil Carl Jung, slavný psychoanalytik, psychiatr a antropolog, narozený ve švýcarském Kesswilu 26. července 1875.

Kolektivní nevědomí představuje nádobu „nápadů“, archetypů. Je to jako vyšší vědomí, ke kterému jsou připojena všechna jednotlivá vědomí, aby bylo možné sdílet jeho obsah. (Viz obr.6)

Archetypy obsažené v kolektivním nevědomí jsou formy a symboly, které se projevují u všech národů všech kultur. Všichni z toho můžeme čerpat, aniž bychom to přímo zažili.

Jung buduje teorii kolektivního nevědomí vycházející ze zkoumání zvláštních náhod, které ovlivňují všechny lidi.

Když se tyto náhody projeví tak významným způsobem, že je nelze považovat za pouhé ovoce náhody, stávají se synchronicity. Synchronicity pocházejí z kolektivního podvědomí.

Významné náhody již nelze považovat za výsledek náhody, ale aby bylo možné je vysvětlit, potřebují vyšší úroveň vědomí.

Podle teorie vyvinuté Jungem lze lidskou psychiku rozdělit do tří různých vrstev: vědomí, individuální nevědomí a kolektivní nevědomí. Vědomá úroveň

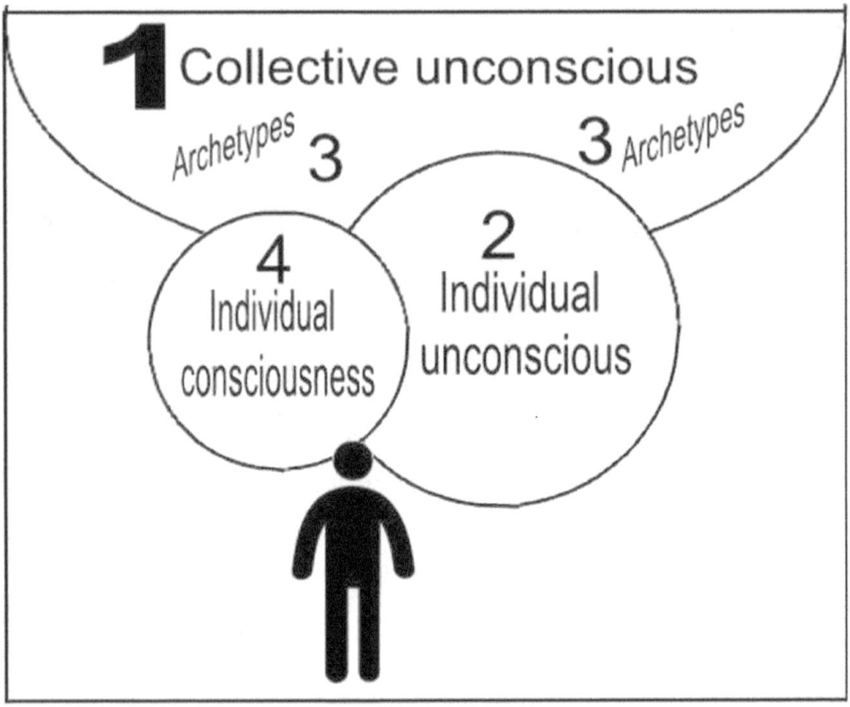


*Obrázek 6. Podle Junga lze lidskou psychiku rozdělit do tří vrstev: vědomí, individuální nevědomí a kolektivní nevědomí.*
*1 Kolektivní podvědomí. celého lidstva.*
*2 Podvědomí každého jednotlivce.*
*3 Archetypy přítomné v kolektivním podvědomí.*
*4 Osobní svědomí.*

obsahuje všechny pojmy, kterých si člověk plně uvědomuje.

Každý jedinec má část v bezvědomí. Je to dimenze psychiky, které si jednotlivec není přímo vědom. Obsahuje instinkty, myšlenky, emoce, modely chování na základě svých činů.

Místo toho kolektivní podvědomí obsahuje veškeré znalosti lidstva ve formě archetypů.

Synchronicita je událost, jejímž prostřednictvím proudí archetypy z kolektivního nevědomí do našeho individuálního vědomí, s významnými dopady na naši realitu.

V obou případech vyprávěných na předchozích stránkách, masakr na Baruhill Street zahrnující Lisu Gannanovou a výbuch West Side Baptist Church, který zahrnoval patnáct členů sboru, můžeme identifikovat synchronní událost.

Tenká nit spojená s jejich životy mohla určit spásu mladé Lisy. Stejné vlákno a ve skutečnosti určovalo bezpečnost zpěváků. Musíme si položit otázku: jaká síla, jaké tajemství, co je na druhém konci štíhlé nitky?

Opravdu nám obsah těchto případů umožňuje identifikovat je jako synchronní epizody? Pokusme se podrobně prozkoumat tyto dvě události, abychom zjistili, jak se transformují z jednoduchých náhodných náhod na synchronicitu.

*Synchronicita na akci Baruhill Street.*

Několik dní před masakrem napsala Lisa Gannanová několik znepokojujících veršů v kontrastu s jejím veselým a slunečným temperamentem.

Učitelka na střední škole čte verše a ptá se Lisy, proč je tak smutná. Lisa odpovídá, že neví, verše k ní přišly spontánně.

Epizodu lze považovat za triviální náhodu. (Viz obr.7)

O nějaký čas později dojde k masakru, při kterém Lisa přijde o život. Mezi masakrem a psaním smutných řádků neexistuje žádná souvislost. Masakr je jen novinkou, která se rovná všem těm, které se každý den na světě stávají. (Viz obr.8)

Pokud vezmeme v úvahu každou z těchto dvou skutečností jednotlivě, můžeme vidět, že spolu nemají žádnou souvislost. Žádná událost nebyla příčinou druhé.

Zkusme však tyto dvě epizody posoudit společně.

Zkusme dát těmto dvěma skutečnostem „význam", který je spojuje.

Pokud jsou tyto dvě epizody spojeny „smyslem", již nejsou triviální, ale stávají se významnými. (Viz obrázek 9)

Propojená fakta, jako na obrázku, představují synchronicitu. Na obrázku 10 vidíme, jak je vytvářena synchronicita.

Máme však pochybnosti. Lisa byla varována před hrozícím nebezpečím. Můžeme si položit otázku, proč nebyly varovány ostatní oběti.

| | | |
|---|---|---|
|  7 | Lisa Gannan writes unusually sad verses that evoke death | It is a trivial causality, due to a moment of "black humor" |

| | | |
|---|---|---|
|  8 | Malcom Baker enters the house of Thomas Gannan and kills six people | A case of Black chronicle how so many happen |

| | | |
|---|---|---|
|  9 | Lisa Gannan writes unusually sad verses that evoke death | According to what will happen shortly, we consider the fact as a premonition |
|  | Malcom Baker enters the house of Thomas Gannan and kills six people | This event confirms Lisa Gannan's premonition |

*Obrázek 7 Lisa Gannan píše neobvykle smutné řádky o smrti. Může to být způsobeno okamžikem negativní nálady.*

*Lisa psala verše, jak to bývala. To by se nemělo zdát neobvyklé. Jedinou zvláštností je, že používá obzvláště pesimistická slova a pojmy.*

*Obrázek 8. Malcolm Baker vstoupil do domu Thomase Gannana a zabil šest lidí.*

*Toto je běžný případ kriminálních zpráv. Stává se mnoho podobných případů. Masakr způsobený Malcomem Bakerem, při kterém zabije i vlastního syna, je součástí kriminálního příběhu.*

*Obrázek 9 S ohledem na to, co se brzy stane, považujeme tuto skutečnost za vizi budoucnosti. Malcolm Baker vstoupí do domu Thomase Gannana a zabije šest lidí.*

*Toto je běžný případ kriminálních zpráv. Stává se mnoho podobných případů. Masakr způsobený Malcomem Bakerem je součástí hlášení o trestné činnosti.*

*Masakr však potvrzuje negativní názor Lisy Gannanové. Pokud vezmeme v úvahu dvě skutečnosti společně, báseň napsaná Lisou se stane předpovědí budoucnosti. Masakr představuje potvrzení Lisiny předpovědi.*

Ve skutečnosti víme, že Lisa napsala děsnou báseň jen díky svědectví učitele, který tuto báseň přečetl. Jinak bychom o této okolnosti nikdy nevěděli. Samotná Lisa nepřikládala své poezii žádný význam.

Bohužel vodítko, které Lisa obdržela, bylo prchavé a mohlo se rozpustit v její paměti.

Pokud ano, můžeme si představit, že varování mohly obdržet i další oběti masakru. Tato varování však nebyla zohledněna.

Prozkoumejme obrázek 10. Představuje hypotézu, která odkazuje na teorii vypracovanou Carlem Jungem. Je zřejmé, že se jedná o zjednodušenou rekonstrukci. Tato rekonstrukce je zaměřena na pochopení zapojení různých vrstev vědomí.

Bod 1. Osobní podvědomí Malcolma Bakera „nabobtná“ vražedným záměrem. Možná to Malcolm ve své vědomé části ještě nevnímá. V podvědomí, které je sídlem prvotních instinktů a emocí, se však posiluje vůle zabíjet. To vytváří „pole napětí“, které poškozuje harmonii jeho psychiky.

Bod 2. Napětí stoupá do kolektivního podvědomí a vzrušuje

„prvotní psychický koncept nebo„ archetyp “vraždy.

Bod 3. Vzrušení vytváří „pole utrpení“ mezi archetypem vraždy a archetypem „strachu ze smrti“. Ten vytváří „energetické pole“. Z „energetického pole“ pochází informace, která sděluje poplach Lisině osobnímu podvědomí.

Bod 4. Lisino osobní podvědomí zpracovává informace pomocí nástrojů, které vlastní. Cílem je, aby tyto informace byly co nejvíce srozumitelné Lisině vědomí. Jedním z nástrojů, které Lisa má v podvědomí, je sklon psát básnické verše. Informace získané z kolektivního podvědomí se zpracovávají pomocí tohoto nástroje.

Bod 5. Informace pocházející z kolektivního podvědomí jsou výslovné svědomí mladé Lisy prostřednictvím psaní veršů. Bohužel však Lisa nerozumí tragickému smyslu toho, co napsala. Pouze poznamenává, že řádky „se zrodily v jeho mysli".

Obrázek 10. Hypotéza o vzniku „synchronicity" v případě Lisy Gannanové.

1 Svědomí Malcolma Bakera. Osobní podvědomí Malcolma Bakera. Sklon k vraždě.

2 Napětí vzniká v „prvotním psychickém pojetí nebo„ archetypu "vraždy.

3 „Utrpení" se rodí v archetypu „strachu ze smrti".

4 Osobní podvědomí Lisy Gannanové. Sklon k poezii.

5 Lisa Gannan vyjadřuje prostřednictvím tragické básně informace, které proudily z kolektivního podvědomí do jejího individuálního podvědomí.

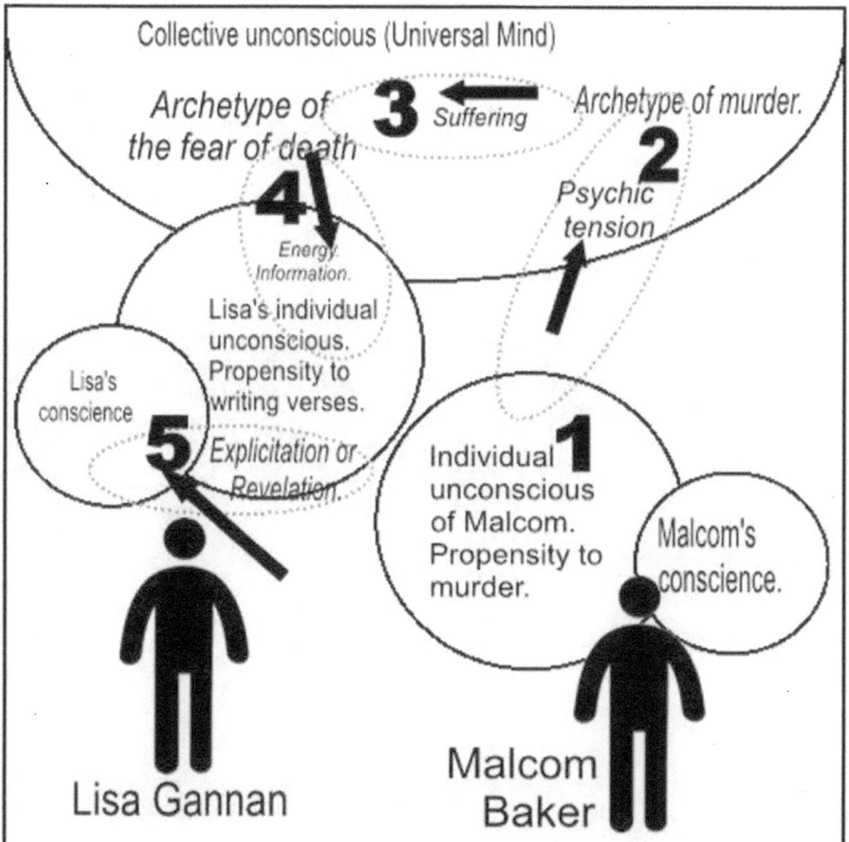


Hypothesis on the formation of synchronicity in the case of Lisa Gannan.

*Obrázek 10. Hypotéza o vzniku „synchronicity" v případě Lisy Gannanové.*

*1 Svědomí Malcolma Bakera. Osobní podvědomí Malcolma Bakera. Sklon k vraždě.*

*2 Napětí vzniká v „prvotním psychickém pojetí nebo„ archetypu "vraždy.*

*3 „Utrpení" se rodí v archetypu „strachu ze smrti".*

*4 Osobní podvědomí Lisy Gannanové. Sklon k poezii.*

*5 Lisa Gannan vyjadřuje prostřednictvím tragické básně informace, které proudily z kolektivního podvědomí do jejího individuálního podvědomí.*

*„Pole psychické síly" a modifikovaná realita.*

Je důležité si uvědomit, že výraz „pole" jsme několikrát použili k označení „pole napětí", „pole utrpení" a „informační pole". K pojmu „pole" se podrobně vrátíme v následujících kapitolách.

Další důležitou věcí je to, co můžeme nazvat „transformující akce". To je změna, kterou událost synchronicity přinesla Lisině náladě. Dívka se slunnou a radostnou dispozicí psala hluboce smutné verše. Epizody synchronicity mohou generovat „transformaci", protože „silové pole" přicházející z kolektivního podvědomí obsahuje jak informace, tak energii

*Synchronicita v případě sborových zpěváků, kteří byli zachráněni výbuchem kostela.*

V případě výbuchu baptistické církve ve West Side vytvořila synchronicita mnohem evidentnější transformaci. Ve skutečnosti v tomto případě synchronicita „fyzicky" transformovala realitu. Ve skutečnosti došlo k nepředvídaným událostem, které způsobily zpoždění při příjezdu patnácti zpěváků. .

Také v tomto případě, pokud budeme zkoumat důvody zpoždění jeden po druhém, vidíme, že se jedná o banální případy. Všechny jsou podobné těm, které by se mohly stát komukoli. Obrázek 12 ukazuje některé z nich.

Tato zpoždění nemají nic společného s výbuchem, ke kterému dojde až později. Na obrázku 11 je exploze kostela představována sama, bez jakéhokoli příčinného vztahu se zpožděním hudebníků.

| | | |
|---|---|---|
|  | At 7.30 pm the singing tests must begin. At 7.27 the church explodes. | It is a trivial accident due to a gas leak. |

*Obrázek 11. Začátek zkoušek pěveckého sboru je naplánován na 19.30. V 19:27 však kostel exploduje. Toto je triviální nehoda způsobená únikem plynu. Výbuch tedy není ničím jiným než zjevným důsledkem technické nehody.*

| | | |
|---|---|---|
| 1 | Pastor Walter Kiempel, his wife and daughter are delayed to iron a dress. | It's a simple delay as it can happen at all. |
| 2 | Harvey Ahl delays because he has to look after his two children. | It's a simple delay as it can happen at all. |
| 3 | Ladona Vandergrift, Royena Estes and Sadle Esh are delayed due to car problems. | It's a simple delay as it can happen at all. |
| 4 | Joyce Black delays because is afraid of Cold | It's a simple delay as it can happen at all. |
| 5 | All the other Choristas...... delay for trivial randomness | |

*Obrázek 12. Obrázek ilustruje některá zpoždění hudebníků. Každé zpoždění, posuzované jednotlivě, lze považovat za triviální náhodu.*

*1 Pastor Walter Kempel přijde pozdě, protože jeho žena chce vyžehlit šaty.*

*2 Harvey Ahl přijíždí pozdě, protože se musí starat o své dvě děti.*

*3 Ladona Vandergrift a její přátelé dorazili pozdě, protože jejich auto mělo mechanické problémy.*

*4 Joyce Black přichází pozdě kvůli nízkým venkovním teplotám.*

*5 Všichni hudebníci zdržují z triviálních důvodů.*

| | | |
|---|---|---|
| | Pastor Walter Kiempel, wife and daughter slow down. | Since all delay it is a SIGNIFICANT COINCIDENCE |
| | Harvey Ahl delays. | Since all delay it is a SIGNIFICANT COINCIDENCE |
| | Ladona Vandergrift, Royena Estes and Sadle Esh delay. | Since all delay it is a SIGNIFICANT COINCIDENCE |
| | Joyce Black delays. | Since all delay it is a SIGNIFICANT COINCIDENCE |
| | Herb Kipf and Aunt Ester delay. | Since all delay it is a SIGNIFICANT COINCIDENCE |
| | Dorothy Wood and Lucille Jones delay. | Since all delay it is a SIGNIFICANT COINCIDENCE |
| | Leonard Schuster delays. | Since all delay it is a SIGNIFICANT COINCIDENCE |
| | Mrs. Paul and her daughter Marylin are delaying. | Since all delay it is a SIGNIFICANT COINCIDENCE |
|  | At 7.30 pm singing rehearsals must begin. At 7.27 pm a church explodes. | All these coincidences indicate that a synchronicity has occurred. |

*Obrázek 13 Zkoušky zpěvu se konají v 19:30. V 19.27 kostel exploduje.*

*Všichni hudebníci dorazí pozdě. Zpoždění VŠECH 15 osob je naprosto mimořádná událost. Sada zpoždění se tak stává „významnou náhodou“.*

*Význam shody okolností vyplývá ze skutečnosti, že ke zpožděním došlo společně zcela neobvyklým způsobem. Vzhledem k tomu, že součet zpoždění nastal těsně před výbuchem a určoval bezpečnost patnácti hudebníků, usuzujeme, že se jedná o „synchronicitu Carla Junga“.*

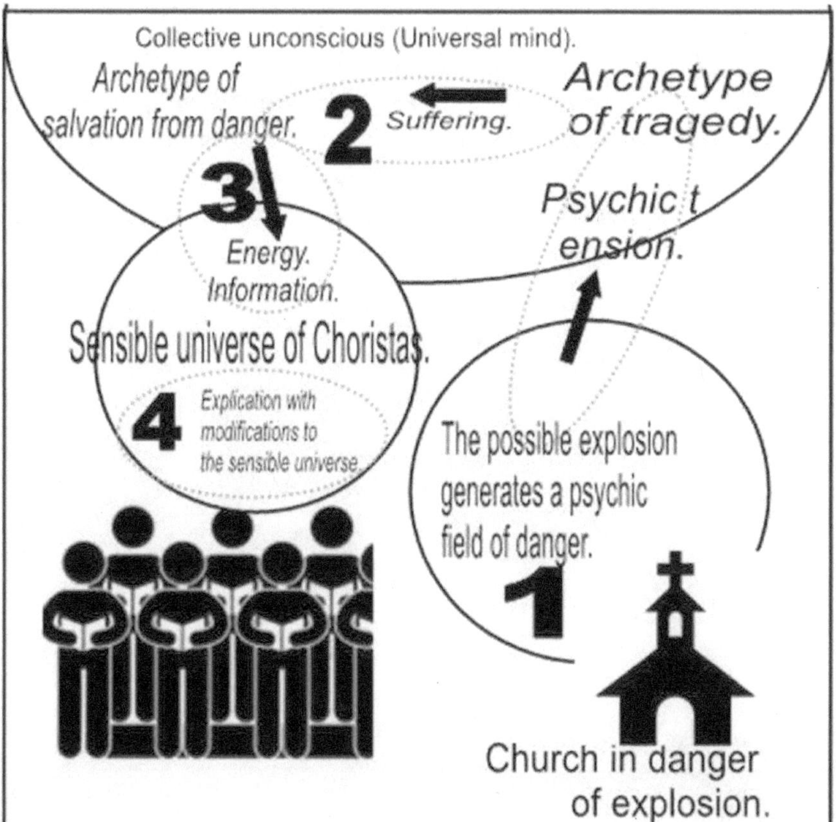


Hypothesis on the formation of synchronicity in the case of the fifteen choristers.

*Obrázek 14. Zjednodušená hypotéza o vzniku synchronicity v případě výbuchu baptistické církve na západní straně.*

*1 Církev brzy vybuchne. Možná exploze vytváří „psychické pole nebezpečí".*

*2 V kolektivním podvědomí vzniká „utrpení".*

*3 „Utrpení" narozené v kolektivním podvědomí generuje tok energie a informací směřujících do osobního podvědomí hudebníků. . 4 Energie a informace proudí z kolektivního podvědomí a generují „fyzickou transformaci" v citlivém vesmíru choralistů. Vše se zhmotňuje při tvorbě zjevně triviálních zpoždění.*

Pokud však vezmeme v úvahu, že všech patnáct sboristů zaznamenalo zpoždění (což je absolutně neobvyklé, protože byly obvykle všechny včas), uvědomíme si, že to již není jednoduchý případ. Shoda patnácti zpoždění nastala v okamžiku, kdy církev exploduje, stává se významnou a nepochybně nám umožňuje zahlédnout událost synchronicity. (Viz obr.13) I v tomto případě můžeme rekonstruovat na obrázku 14 (zcela ilustrativním způsobem) pasáže, které vysvětlují vznik události synchronicity.

Bod 1. Církev brzy vybuchne. Tím se vytváří „pole napětí", které zahrnuje „archetyp tragédie" v kolektivním podvědomí.
V naší fyzické realitě k explozi ještě nedošlo, ale je již přítomna v nefyzické realitě kolektivního podvědomí. Ve skutečnosti v této psychické realitě neexistují žádná omezení týkající se času a prostoru.

Bod 2. V kolektivním podvědomí vytváří „archetyp tragédie" „pole utrpení".

Bod 3. V kolektivním podvědomí existuje „silové pole", které proudí směrem k fyzickému vesmíru patnácti choralistů. Toto „silové pole" obsahuje nejen informace, ale také energii. Ve skutečnosti všechna „pole psychických sil" obsahují energii a informace.

Bod 4. „Psychické silové pole" se projevuje ve fyzickém vesmíru choralistů a vytváří určité transformace jejich skutečné situace. Pole vyvolává v každé osobní situaci „nehodu“, která generuje zpoždění a mění události večera.

Není neobvyklé pozorovat tyto transformace vnímaného citlivého vesmíru. Jung je nazývá „numinous“. Termín „numinous“ používá Jung ve smyslu „posvátný, ale ne náboženský.“ Tento termín může znamenat „obklopen aurou posvátnosti“, například vštípit „strach a úctu“.

Můžeme si vzpomenout na několik příkladů, které ve svých pracích uvedl Carl Jung. Mezi tyto příklady patří fyzická transformace reality, ke které dochází v průběhu epizod synchronicity.

*Když se realita fyzicky změní.*

Epizoda „skarabea“ je jistě klasikou kazuistiky, kterou ve svých spisech citoval Carl Jung. . Ve své eseji „Synchronicita jako princip příležitostných spojení“, publikované v roce 1952, popisuje Jung událost takto:

> "A young woman I was treating had, at a critical moment, a dream in which she was given a golden scarab. While she was telling me this dream, I sat with my back to the closed window. Suddenly I heard a noise behind me, like a gentle tapping. I turned round and saw a flying insect knocking against the window-pane from the outside. I opened the window and caught the creature in the air as it flew in. It was the nearest analogy to a golden scarab one finds in our latitudes, a scarabaeid beetle, the common rose-chafer (Cetonia aurata), which, contrary to its usual habits had evidently felt the urge to get into a dark room at this

particular moment. I must admit that nothing like it ever happened to me before or since."

*"Mladá pacientka měla v rozhodujícím okamžiku léčby sen." Ve snu dostala žena jako dárek zlatého skarabea. Zatímco mi ta žena řekla tento sen, seděl jsem zády k zavřenému oknu.*
*Najednou jsem za sebou zaslechl zvuk, jako by něco tiše klepalo na okno. Otočil jsem se a uviděl okřídlený hmyz, který zvenčí narazil do okna.*
*Otevřel jsem okno a chytil hmyz. Bylo to velmi podobné „zlatému brouku" neboli „Cetonia aurata", běžnému brouku, který žije na růžových rostlinách.*
*Je zřejmé, že v tu chvíli se hmyz pokusil navzdory svým zvykům vstoupit do temné místnosti. Musím dodat, že takový případ se mi nikdy předtím nestal a nestalo se mi to ani po něm. Z mé zkušenosti se neopakuje ani sen té ženy."*

Ve zbytku své eseje Jung vysvětluje událost z psychoterapeutického hlediska a popisuje, jak se epizoda osvědčila pro uzdravení pacienta. Skarabeus je ve skutečnosti klasickým symbolem znovuzrození.

Při jiné příležitosti v dopise z roku 1945 adresovaném prof. J.B. Rýn z Durhamu v USA, Carl Jung popisuje podobnou epizodu:

"I'm going to walk in the woods with a patient. She tells me the first dream of her life, a dream that left an indelible impression on her. He had a vision of a fox. He had dreamed of the animal as he walked down the stairs of her parents' house.
At that moment, not even forty meters from us, a fox comes out of the trees and runs for a couple of minutes on the path ahead of us. The animal behaves as if it shared our human condition ... "

*"Jdu na procházku do lesa se ženou, která mě ošetřovala." Žena mi vypráví o prvním snu svého života, protože tento sen v ní zanechal nesmazatelný dojem. Ve snu žena viděla lišku, jak sestupuje ze schodů rodičovského domu.*
*V tu chvíli, asi čtyřicet metrů před námi, vychází ze stromů liška a na pár minut tiše běží po stezce před námi. Zvíře se chová, jako by sdílelo náš lidský stav..."*

Musíme si položit několik otázek:
- Byla „Cetonia aurata“ právě tady, připravená zasáhnout okenní tabuli, když žena mluvila o skarabovi viděném ve snu?
- Byla liška přímo tam, připravená se vynořit před Jungem a jeho pacientem, zatímco žena řekla svůj sen?
V obou případech příběh snu vyvolal „psychickou synchronicitu“, která změnila fyzickou realitu ženy i samotného Junga.

Jung a jeho léčení pacienti jistě prožívali chvíle patosu. Byli hluboce ponořeni do vyprávění a kontext rozhovoru byl posílen skutečným duševním utrpením pacientů.

Tato situace, v případech vyprávěných Jungem, vytvořila „pole napětí“ schopné vést k synchronicitě.

Pokud jde o to, zda liška a Cetonia byli skutečně přítomni na scéně ve správný čas, můžeme uvažovat o velmi odvážné teorii. Tato teorie tvrdí, že v obou případech měla synchronicita sílu přesunout scénu do jiného vesmíru a vybrala si ji z nekonečných možných vesmírů. Další vesmír, kde byla skutečně přítomna liška a Cetonia.

*Synchronicita jako agent transformace reality:*

Podle Junga synchronicita funguje prostřednictvím „prvotních psychických konceptů“ nebo „archetypů“ přítomných v kolektivním podvědomí. Dříve jsem psal, že Jungovo kolektivní podvědomí je dalším způsobem, jak definovat „vyšší psychickou realitu“, která se od starověku nazývala „Duší světa“. Na těchto stránkách jsme jej také nazvali „Universal Mind“.

Na podporu Jungovy teorie vidíme, jak jsou všechny „esence“ odkazující na „Duše světa“ nositeli transformace. Každý vztah člověka s „Duší světa“, nebo jak jej chcete nazvat, zahrnuje změnu na psychické úrovni a často také na fyzické úrovni..

*Fyzická transformace. Modlitba a uzdravení.*

Abych představil příklad, který je pochopitelný pro všechny, transformace na fyzické úrovni, mohu odkázat na modlitby adresované božstvům za uzdravení nemocných. Nebo mají modlitby tendenci získávat milosti jiných typů, například ekonomických nebo sentimentálních.Často tato praxe přináší překvapivé výsledky.

Každé fyzické uzdravení lze považovat za synchronicitu, která vyplývá ze dvou oddělených faktů v čase a prostoru. Těmito dvěma skutečnostmi jsou modlitba někoho, kdo se nachází kdekoli ve vesmíru, a uzdravení někoho jiného, kdo se často nachází na jiném místě na světě. Je zřejmé, že každé fyzické uzdravení zahrnuje zlepšení zdraví, které je často důležité.

Podle teorie kolektivního podvědomí můžeme synchronicitu považovat za „most" mezi touhami vyjádřenými individuálními svědomím a vyšší úrovní „Duše světa", ze které potom sestupují „milosti".

Je zřejmé, že pro ty, kteří ztotožňují Duši světa s „Bohem", pocházejí milosti od Boha. Teologie nás však učí, že Bůh ve svých intervencích vždy upřednostňuje použití přírodních prostředků. Jde o využití možností již přítomných ve stvoření, aniž bychom se uchýlili k nadpřirozeným prostředkům.

V tomto ohledu čteme úryvek z kázání pastora Marca deFelice s názvem „Bůh dělá nemožné věci" odkazující na „Skutky apoštolů". Farář komentuje Petrovo propuštění z vězení, kde byl uvězněn na rozkaz Heroda:

> "Suddenly an angel of the Lord appeared and a light shone in the cell. He struck Peter on the side and woke him up. "Quick, get up!" he said, and the chains fell off Peter's wrists" (Acts, 12:7).
> One thing that strikes me about this passage is that the angel tells Peter to hurry. Although God is omnipotent, and can do anything, Peter had to hurry. Certainly, God could have made the guards fall asleep, or even die, giving Peter time to go out calmly. But usually God does not miraculously do what can be done with the natural means that God has already provided".

*„A hle, přišel anděl Páně a v cele zazářilo světlo. Anděl se dotkl Petrova boku, probudil ho a řekl mu:„ Rychle vstaň! ". A řetězy spadly z Petrových rukou." (Skutky 12,7).*

*Na tomto kousku mě zaráží jedna věc. Anděl říká Petrovi, aby si pospíšil. Bůh je všemohoucí a může dělat cokoli, ale Peter musí spěchat. Bůh jistě mohl usnout vězeňské stráže, aby mohl Peter klidně jít ven. Ale obvykle Bůh neudělá zázraky, když lze něco udělat přírodními prostředky, které Bůh již poskytl. "*

Koneckonců, když se člověk obrátí k víře a požádá o uzdravení, každý služebník víry radí, aby se nejprve poradil s dobrým lékařem.

Je zřejmé, že fyzická uzdravení nejsou jedinými transformacemi fyzické reality produkovanými synchronizační událostí. Jak je popsáno v mnoha předchozích případech, neexistují žádná omezení týkající se modifikací citlivého vesmíru, které synchronicita umožňuje. Mezi ně určitě můžeme zahrnout všechny jevy telekineze, tj. Duševní správy pevné hmoty.

*„Touha" a „záměr"..*

Synchronicita proto často představuje pomoc pro pozitivní řešení lidských potřeb. Synchronicita může například naplnit touhu nemocného po uzdravení.

Přesnějším slovem pro vyjádření pojmu „touha" je „záměr". „Záměr" je koncept, který používá Jung. V poslední době Deepak Chopra používá tento koncept ve svých knihách.

Podle Chopry je každá aktivita ve vesmíru generována záměrem. Ve védské tradici je záměr „přirozenou silou", protože udržuje v rovnováze všechny prvky a síly, které umožňují vývoji vesmíru.

Ve čtrnácti „upanišadách" véd, indických náboženských a filozofických textů složených v sanskrtu od 9. do 8. století před naším letopočtem, se uvádí:

"You are what your deep, driving desire is.
As your desire is,
so is your will.
As your will is,
so is your deed.
As your deed is,
so is your destiny".
*(Brhadaranyaka Upanisad, IV, 4,5)*

*"Jsi tím, čím je tvá nejhlubší touha."*
*Jaká je vaše touha, tak i váš záměr.*
*Jak je váš záměr, tak je to i vaše vůle.*
*Jaká je vaše vůle, tak jsou i vaše činy.*
*Stejně jako vaše činy, tak i váš osud ".*
*(Brhadaranyaka Upanisad, IV, 4,5)*

*Proč se to nestane vždy?*

Mnoho lidí se pokusilo zkoumat v laboratoři pomocí „vědeckých metod" fenomén „psychické synchronicity", ale tento jev je vždy odhalen jako nepolapitelný.

Laboratorní potvrzení předpovídá, že za určitých podmínek se jev vyskytuje obvykle, to znamená, že může být opakovaně reprodukován s úspěšností nad předvídatelným statistickým průměrem.

*Obrázek 15. Statistické vyhodnocení výsledků lze získat otočením mince. Mnohokrát převrácením mince by se každá ze dvou stran mince měla objevit v 50% případů.*

Navrhuji příklad. A když hodím minci do vzduchu, výsledkem mohou být „hlavy nebo ocasy“. Hodím tedy minci do vzduchu a pokusím se uhodnout výsledek. K sestavení statistiky samozřejmě nestačí jediný hod.

Pokud minci hodím do vzduchu mnohokrát, řekněme 10 000krát, statistika mi řekne, kolikrát dokážu uhodnout výsledek. Statisticky dokážu odhadnout 50% času, to je 5 000krát.

Pokud na druhou stranu dokážu přesně předpovědět výsledek přesně 6000krát, předpokládám, že mohu mít určité psychické schopnosti. Z důvodů, které jsou nevysvětlitelné, znám výsledky předem. Znám je v míře nad statistickým průměrem.

Pokud vidím výsledky vyhazování mincí 9 000krát z 10 000krát, jsem si docela jistý, že mám speciální schopnosti.

Řekněme, že předpovídám výsledek 10 000krát z 10 000. V tomto případě si všichni budou jisti, že mám moc předvídat budoucnost.

Ortodoxní vědci samozřejmě řeknou, že to má háček, protože tímto způsobem není možné předpovídat budoucnost.

*Emocionální zapojení.*

Hlavním důvodem, proč se „synchronicita“ neobjeví vždy, je nedostatek základního prvku.

Tato podmínka se nazývá „emoce“. Je zapotřebí emocionální zapojení. Jung uvádí, že je nutná součást zvaná „náklonnost“.

Epizody „synchronicity“ se projevují spíše v nejkritičtějších okamžicích našeho života. Naše svědomí obvykle udržuje naši psychickou situaci pod kontrolou. Vědomá část naší psychiky nechce, aby naše „individuální podvědomí“ převzalo kontrolu nad naší vůlí.

Řekněme, že normálně nechceme skákat do tmy. Proto naše vědomí omezuje nebo filtruje všechny impulsy z našeho „osobního podvědomí“ a „kolektivního podvědomí“. Tyto impulsy jsou obvykle symbolické nebo iracionální a naše svědomí je odmítá.

Někdy však v životě nastanou těžké chvíle. Při těchto příležitostech jsme znepokojeni, často jsme šokováni. Tyto obtíže oslabují schopnost ovládat naše svědomí. Když se události stanou příliš naléhavými, máme sklon se odevzdat osudu. Jung poznamenává, že v těchto případech převládá „náklonnost“ nad „rozumem“:

> "Each emotional state causes a modification of the conscience, modification which Pierre Janet defined as "abaissement due nivea mentale": which means that a certain shrinking of the subconscious takes place and at the same time a strenghtening of the conscience, as many profanes in the subject can easily note, especially in the presence of intense beloved ones. The tone of the subconscious increases to a certain measure, which easily provokes a gradient from the subconscious to the conscience. As a consequence, the conscience falls under the influence of impulses and instictive contained contents".

*"Každý emoční stav způsobuje změnu vědomí." Pierre Janet nazval tuto úpravu „abaissement du niveau mental". To znamená, že dochází k určitému zúžení vědomí a současně k posílení nevědomí. Každý může uznat, že k tomu dochází, zejména za přítomnosti intenzivních „afektů". V důsledku toho se svědomí stává kořistí instinktivních podvědomých impulzů ".*

Carl Jung cituje filozofa Alberta Velkého, aby potvrdil tuto tezi. Albertus Veliký ve své práci „De mirabilibus mundi" ve skutečnosti tvrdí, že „virtus" existuje v lidské duši. Toto je vlastnost změny věcí. Je třeba si uvědomit, že Albert Veliký odkazuje na dílo „Naturalia" od filozofa Avicenny.

Virtus podmiňuje celou osobnost, zvláště když převládá láska a nenávist.

"If, therefore, the soul of a man falls prey to a great excess of some passion, it can be established experimentally that it (the excess) magically constrains things and changes them in the direction towards which excess tends. [...] really the emotionality (affectio) of the human soul is the main root of all things.
This happens when, due to its emotional power, it modifies the things to which it tends. This also happens because the inferior things are subject to the soul, because of its dignity. So anyone can magically influence everything, if it falls prey to a great emotional excess. "

*„Někdy se lidská duše stane obětí velkého přebytku vášně. Když k tomu dojde, je možné experimentálně určit, že tento přebytek*

*„náklonnosti" působí magicky na „věci". Události této osoby se mění ve směru, k němuž inklinuje sklon. [...]*
*Emocionalita, to znamená „náklonnost" lidské duše je hlavním kořenem všech věcí. Kdo chce znát toto tajemství, musí vědět něco důležitého. Kdokoli může téměř „magicky" ovlivnit vše, pokud se stane obětí velkého emocionálního přebytku..."*

Synchronizace nastává, když dochází k emočnímu zapojení. Potvrzuje to skutečnost, že mimosmyslové jevy, jako je telepatie, jsou častější u lidí spojených přátelstvím nebo příbuzností. Maximum je zaznamenáno ve vztazích mezi matkami a dětmi.

*Teorie slabého signálu.*

Dříve jsme se divili, proč Lisa Gannanová dostala předtuchu, a ostatní oběti ne. Odpověděli jsme, že ostatní pravděpodobně dostávali také signály, ale nepoznali je.

V parapsychologii se odkazuje na „teorii slabého signálu". Pravděpodobně neexistuje harmonie mezi zdrojem signálu a naším „psychickým přijímacím aparátem".

Všichni víme, že úpravou ladění rádiového zařízení můžeme přijímat neznámé vysílací stanice. Totéž se děje v našem vědomí. Mohli bychom se připojit k mnoha „informačním stanicím", kdybychom věděli, jak se naladit na jejich vlnovou délku.

## Čtvrtá část. Silová pole. Úroveň nelokality. Psychický vesmír.

*"I know not what I may seem to the world, but as to myself, I seem to have been only like a boy playing on the sea-shore and diverting myself in now and then finding a smoother pebble or a prettier shell than ordinary, whilst the great ocean of truth lay all undiscovered before me".*
*(Isaac Newton, Principia)*

*"Pokud jde o mě, mám pocit, že jsem dítě, které si hraje na pláži." Čas od času jsem našel kámen nebo skořápku krásnější než obvykle. Bohužel, zatímco se to stane, velký oceán pravdy zůstává přede mnou neznámý. "*
*(Isaac Newton, Principia)*

*Hmota, „mysl" a duch.*

Každý člověk ví, že žije ve světě, který ho obklopuje a nějakým způsobem podmíňuje jeho existenci. Každý člověk, před nebo po, si klade otázku, jaký je důvod jeho přítomnosti na tomto světě.

Hlavní otázky jsou: Proč existuji? Co tady dělám? Jak se mohu zúčastnit skvělé hry života, vtipné nebo tragické?

Není snadné odpovědět na tyto otázky. Můžeme zvolit výchozí bod. Jedna metoda spočívá v konfiguraci tří úrovní, ve kterých se vyvíjí naše existence. Kromě fyzické úrovně, kterou všichni známe, musíme také vyhodnotit kvantovou úroveň a takzvanou „nelokální" úroveň.

*Fyzická úroveň existence.*

Fyzická úroveň je úroveň pevné hmoty. Toto je typická úroveň naší každodenní zkušenosti, tj. Světa, který vidíme a jak ho prožíváme svými smysly.

Na fyzické úrovni se cítíme v bezpečí, protože všechny „věci" mají váhu a rozměr, začátek a konec, před a po. Všechny věci mají přesné umístění v čase a prostoru.

Všechny jevy související s našimi zkušenostmi jsou součástí fyzické úrovně. Například den a noc, dobré a špatné počasí, zrození a smrt každé „věci", střídání ročních období, fyzické vjemy jako hlad, žízeň, bolest a potěšení.

Fyzický svět je „mechanický". Ve fyzickém světě vše závisí na zákonech „determinismu". Všechno se děje pro věc a má účinek. Události na sebe navazují.

Generované události mají předvídatelné a měřitelné chování. Na druhé straně produkují další předvídatelné a měřitelné události.

V roce 1977 USA vypustily dvě sondy „Voyager" k prozkoumání vnější sluneční soustavy. Kosmická loď „Voyager 2" dokázala pozorovat Jupiter, Saturn, Uran a Neptun.

Sonda prošla kolem každé planety a získala impuls z gravitace této planety, aby pokračovala v cestě na další planetu.

Důvodem bylo, že na Zemi vědci přesně věděli, jak vypočítat gravitační sílu různých planet.

Tímto způsobem bylo možné přesně vypočítat přítlačné síly potřebné k pokračování v cestě k dalším cílům.

V roce 1950 napsal matematik Alan Turing ve své knize „Výpočetní technika a inteligence":

"The displacement of a single electron by a billionth of a centimeter at a given moment, it could mean the difference between two very different events, such as the killing of a man a year after, due to an avalanche, or its salvation".

*"Představme si, že v určitém okamžiku se jediný elektron pohne o miliardtinu centimetru." To může znamenat rozdíl mezi dvěma velmi odlišnými událostmi. Například následující rok by mohl znamenat smrt muže v*

*důsledku laviny. Nebo to může znamenat spásu stejného muže."*

Představme si kulečníkový stůl se sérií kulečníkových koulí uspořádaných na koberci. (Viz obr. 16). Na naší fyzické úrovni jsme si naprosto jisti, že se žádný míč nepohybuje, pokud není tlačen jiným pevným předmětem.

Na obrázku zůstane koule B nehybná, dokud ji nenarazí na míč A. Známe sílu a trajektorii koule A a váhu ostatních koulí, můžeme s absolutní přesností vypočítat sílu, s jakou se bude míč B pohybovat.

Budeme znát délku a směr jeho dráhy.

Tyto výpočty nevyžadují výkonné počítače. Každý dobrý hráč v bazénu může tyto výpočty provádět bez jakékoli technologické podpory. To znamená, že jsme dokonale přizpůsobeni našemu fyzickému vesmíru.

V roce 1972 přednesl etolog Edward Lorentz přednášku: „Pokud v Brazílii letí motýl mávající křídly, může to v Texasu způsobit tornádo?"

V dnešním vědeckém světě, kde lze vše zvážit, měřit a vypočítat, bude odpověď „ano". Předpokládáme, že náš vesmír je tvořen pouze hmotou a je umístěn v dimenzi, kde čas plyne jen dopředu. Mohli bychom tedy vypočítat sílu tornáda v Texasu, kdybychom měli dostatečně výkonné počítače.

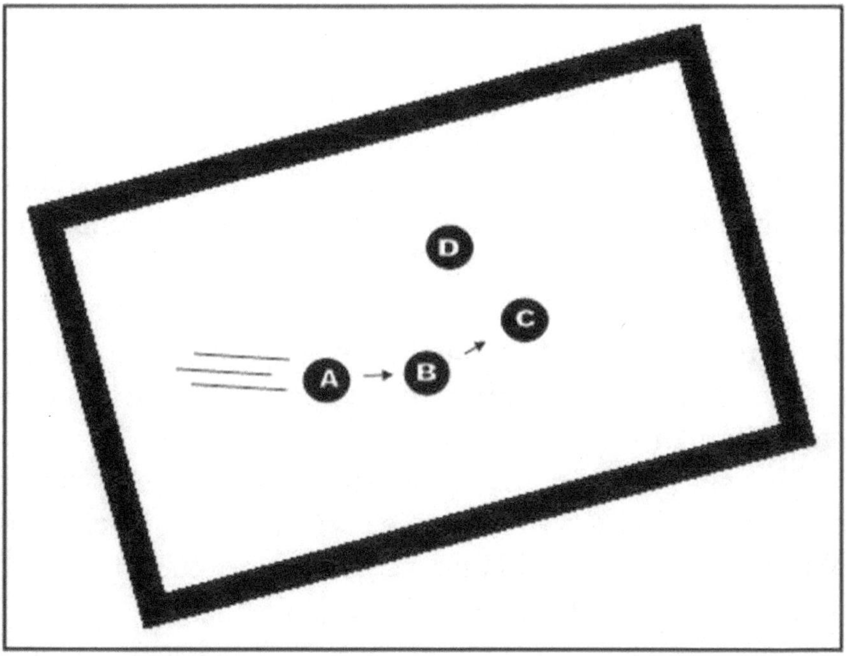


*Obrázek 16. Na kulečníkovém stole se žádný míč nepohybuje, pokud není tlačen. Když k tomu dojde, jeho síla a směr jsou úměrné tahu, který obdržel.*

*Kvantová úroveň.*

Na této úrovni nemá žádná „věc“ zjevnou podstatu, tj. Realitu nelze vnímat našimi pěti smysly. S naším dotykem se nemůžeme dotknout reality kvantové úrovně. Stejně tak nemůžeme „otestovat“ jeho konzistenci. Podobně tuto realitu nemůžeme vidět, cítit ani ochutnat.

Kromě toho má kvantový svět „nefyzický prostor“, který obsahuje veškerou nehmotnou část nás samých. Toto je část týkající se našich myšlenek, našich nadějí, našich tužeb. V podstatě je to vše, co tvoří naše „Ego“ a naše „Self“. (Viz obr. 17)

Ego se představuje ve vztahu k sobě samým. Já představuje sebe ve vztahu se vší realitou, která nás obklopuje. Já se skládá ze sady prvků, na které odkazujeme, abychom popsali, co jsme.

Víme, že naše myšlenky a pocity, duchovní vztahy, které nás vážou k ostatním a naše ambice, nejsou „pevné“, nemůžeme je držet v prstech.

Navzdory tomu nepochybujeme, že existují. Pevná hmota by přesto nemohla „být“, pokud by nebyla animována energií a informacemi obsaženými v kvantové úrovni.

*Obrázek 17. „Ego" představuje naši přísně osobní sféru. „Ego" je otočeno dovnitř. „Self", obrácené směrem ven, představuje celistvost nás samotných ve vztahu k vesmíru, který nás obklopuje.*

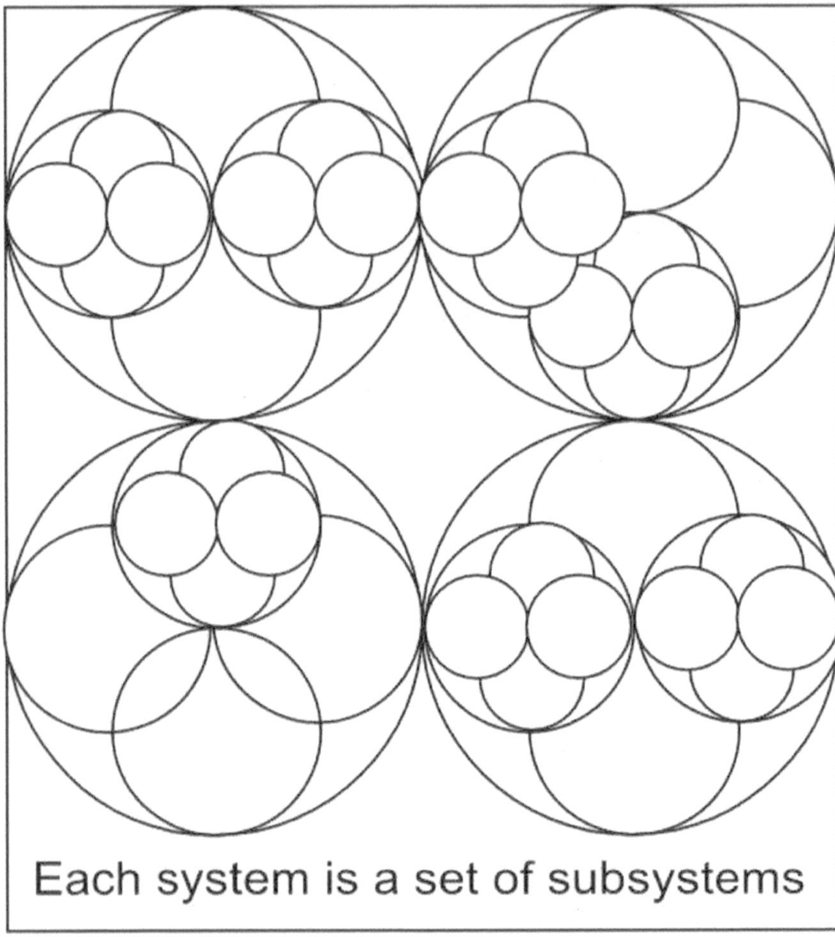


*Obrázek 18. Každý systém, od největšího po nejmenší, je tvořen subsystémy. Ve fyzice částic, tj. V nekonečně malém, si věda není jistá, zda dosáhla konečné úrovně dělení.*

Samotná hmota je ve skutečnosti energie podle Einsteinovy rovnice $E = mc^2$.
Tato rovnice naznačuje, že energie se rovná hmotnosti vynásobené rychlostí světla na druhou.
Recipročně můžeme říci, že stejně jako energie je hmota, „hmota je energie“. Ve skutečnosti veškerá hmota ve vesmíru pochází z počátečního „velkého třesku“, velkého výbuchu energie.
Protože vidíme hmotu, ale nevidíme energii, jsme zvyklí věřit, že hmota je důležitější. Ve skutečnosti vesmír tvořený pouze hmotou nemohl fungovat, protože sama hmota je inertní.
Jak jsme viděli na příkladu kulečníku, hmota (koule) se může pohybovat, pouze pokud přijímá energii nárazu.
Zároveň můžeme říci, že energie potřebuje hmotu, aby se mohla vyjádřit. Energie potřebuje spolupráci pevné látky, aby projevila svůj potenciál.
Vesmír se pohybuje od nekonečně velkého po nekonečně malý. Náš citlivý svět je tvořen hmotou, která se agreguje do velmi malých nebo velmi velkých „věcí“. Každá „věc“ představuje komplexní systém složený ze subsystémů, tj. Z menších „věcí“. (Viz obr. 18).

- Vesmír je systém tvořený subsystémy, galaxiemi.
- Galaxie jsou tvořeny hvězdami a planetami.
- Planety jsou složeny z hornin, vody, minerálů a živých věcí.
- Živé bytosti se skládají z orgánů (kůže, kostí, vnitřností atd.).
- Orgány jsou vyrobeny z buněk.
- Buňky jsou tvořeny molekulami.

- Molekuly jsou tvořeny atomy.
- Atomy jsou tvořeny protony, neutrony a elektrony.

Pozitivní věda uvádí, že hmota bez ohledu na stupeň agregace podléhá fyzikálním zákonům. Různé části hmoty mohou spolu komunikovat pomocí fyzických mediátorů, které přenášejí energii a informace. Síla těchto převodových nástrojů s rostoucí vzdáleností slabne. Kromě toho pevná hmota podléhá plynutí času, který se pohybuje pouze dopředu.

Když se pohybuje pevná hmota, nemůže překročit rychlost světla. Ani informace šířené prostřednictvím fyzických mediátorů nemohou tuto rychlost překročit.

Pokud buňka odesílá informace do jiné buňky, dosažení této informace bude nějakou dobu trvat. Jeho rychlost nemůže překročit hranici 300 000 km za sekundu.

V případě objektů menších než atom, počínaje elektrony, se věci mění.

Rozložením atomu najdeme „elementární částice“. V tuto chvíli známe dva typy.

- „Hmotné částice“, to jsou „fermiony“. Jsou to kvarky, elektrony a neutrina. Všechny jsou vybaveny hmotou.
- „Částice síly“, tj. Bosony. Tyto částice jsou nositeli základních sil existujících v přírodě.

Můžeme rozdělit bosony do dvou skupin:
- Fotony a gluony, které jsou nehmotné.
- W a Z bosony, které mají hmotnost.

Na úrovni elementárních částic jsou všechny fyzikální zákony upravující pevnou hmotu neplatné.

Na této úrovni můžeme být svědky velmi zvláštního chování, jak uvidíme, když mluvíme o jevu zvaném „kvantové zapletení".

Ve skutečnosti ani není možné určit, zda elementární částice jsou skutečně „částice", nebo nejsou spíše „vibracemi".

Uveďme příklad, představme si, že hodíme kámen do vody rybníka. Kámen je podobný částice. Vlny, které se tvoří na vodě, jsou vlna, tj. „Vibrace". Světlo, zvuk a hudba jsou také příklady vibrujících vln.

Závěr je jednoduchý: kniha, kterou čtete, je ve vašich rukou pevná a konzistentní. Ve skutečnosti se na to díváte očima, které jsou navrženy tak, aby viděly realitu makroskopického fyzického světa.

Pokud by na druhou stranu vaše oči mohly vidět kvantový svět, kniha by se vám jevila jako spleť vibrací. Každé písmeno se nevejde na své místo na stránce, ale může být v nekonečných pravděpodobnostních pozicích. Tato kniha by byla „ničím", co tančí ve vesmíru vytvořeném z vibrací. Pravděpodobně byste nepochopili, že se jedná o knihu.

Jak uvedl Nietsche, „Ti, kdo tancovali, byli považováni za bláznivé těmi, kteří nemohli poslouchat hudbu." Bohužel naše uši nejsou zvyklé vnímat hudbu, která roztančí částice. (Viz obr. 19).

Svět na kvantové úrovni není tvořen objekty. Kvantová realita se skládá z informací a energie.

Naštěstí pro naše potřeby přežití vidí naše oči realitu na fyzické úrovni, a ne na kvantové úrovni. To neznamená, že kvantová realita neexistuje. Nejen, že tam je, ale jeho přítomnost má na nás mimořádné účinky.

*Obrázek 19. Elementární částice tancují na zvuk nástrojů nepochopitelných pro naše uši.*

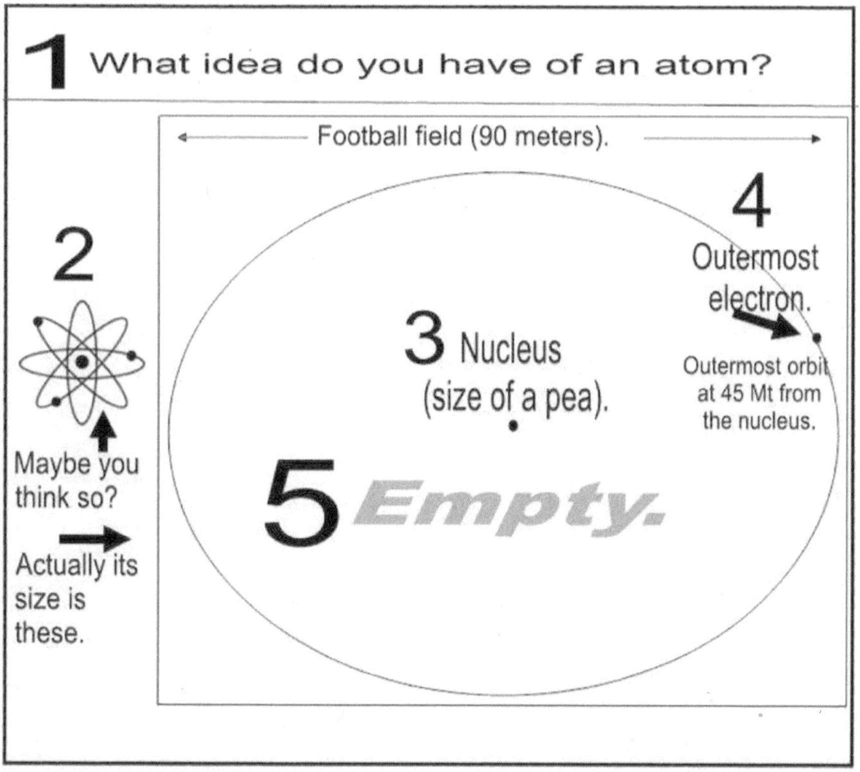
1 What idea do you have of an atom?
Football field (90 meters).
2
Maybe you think so?
Actually its size is these.
3 Nucleus (size of a pea).
4
Outermost electron.
Outermost orbit at 45 Mt from the nucleus.
5 Empty.

*Obrázek 20. Představte si, že jádro atomu má velikost fazole. Postavme jádro do středu fotbalového hřiště. Vnější elektron atomu by rotoval na oběžné dráze umístěné na okraji pole. Bylo by nekonečně menší než skvrna prachu. Mezi elektrony a jádrem jsou obrovské prostory vytvořené z „vakua".*

*1 - Jak si představujete, že je to atom?*
*2 - Možná to vidíte ve formě kuliček rotujících kolem jádra. Toto znázornění je nesprávné.*
*3 - Představte si prostor o velikosti fotbalového hřiště Jádro atomu o velikosti fazole je ve středu pole.*
*4 - Nejvzdálenější elektron rotuje na extrémních mezích pole.*
*5 - Všechno ostatní je... „PRÁZDNÉ".*

My sami jsme vyrobeni z elementárních částic. Jsme směsicí energie a informací.

Na kvantové úrovni neexistují žádná omezení prostoru a času. Jsme vibrace a tancujeme společně s vibracemi celého vesmíru. Naše energie sdílí a je sdílena veškerou energií vesmíru.

Zejména se naše energie účastní „záměrů“ energie, která vibruje kolem nás. Kolikrát se nám stalo, že jsme se v nějaké situaci cítili nepříjemně, aniž bychom věděli proč? Možná jsme se později dozvěděli, že ostatní lidé přítomní na tomto místě byli rozděleni pocity nenávisti..

Pokud jsme někdy na schůzce měli pocity typu „napětí bylo velmi vysoké“, stalo se to proto, že informace o „negativním poli“, do kterého jsme vstoupili, ovlivňovaly naše „individuální pole vědomí“.

Na kvantové úrovni naše vibrace splývají s vibracemi okolních realit. Abychom pochopili, jak to dělají, zkusme si představit atom. Mějte na paměti, že jsme úplně vyrobeni z atomů.

Jakou máte představu o velikosti atomu? Samozřejmě jste věděli, že je to velmi malé, ale představovali jste si, že je také tak prázdné, jak je popsáno na obrázku 20?

Představme si atom s jádrem, které je nesmírně větší než realita. Náš imaginární atom má velikost fazole. Dejme atom do středu fotbalového hřiště, které, jak je známo, měří délku 90 metrů.

Náš atom by mohl mít průměrné množství elektronů, řekněme 10.

Nejvzdálenější elektron našeho atomu by rotoval na okraji pole a byl by nekonečně menší než skvrna prachu.

Dalších devět elektronů, stejně jako další zaprášená zrna, by rotovalo v jiných polohách. Ve fyzickém prostoru atomu o velikosti fotbalového hřiště by veškerou hmotu tvořilo fazole a deset zrn prachu. Všechno ostatní by bylo obrovské ... PRÁZDNÉ. Všechny atomy jsou takové. Přesto se nám zdají solidní.

Zvážíme-li to, můžeme pochopit, co se stane, když se dotkneme pevného předmětu. Náš dojem je, že objekt má větší či menší „tvrdost", to znamená, že odolává nárazu našeho dotyku.

Místo toho je to jen náš pocit. Ve skutečnosti se atomy našeho těla a atomy objektu mísí. Stejným způsobem se mohly mísit dva mraky na obloze nebo dva obláčky kouře vycházejícího ze dvou blízkých komínů.

Směs vytváří spojení a výměnu. Vibrace a informace o atomech našeho těla se šířily do těla objektu, kterého se dotýkáme, a naopak.

Na kvantové úrovni probíhá nepřetržitá výměna informací a energie mezi námi a objekty kolem nás.

Na kvantové úrovni již neexistuje žádná individualita. Všechno je „jedno" a všechno sdílí „celek".

Non-Local
2
Collective unconscious
Universal Mind
Soul of the World
1
INTENTION.
Emotions.
Wishes.
Needs.
3
Synchronicity

*Obrázek 21. Nelokální úroveň lze definovat mnoha způsoby, v závislosti na studiích a kulturách. Tato úroveň obsahuje veškerou energii a všechny informace o vesmíru. Sami se účastníme formování informací, které existují na jiné než místní úrovni.*

*1. Záměry a emoce každé biologické bytosti se sbíhají v „kolektivním podvědomí“.*
*2 V „kolektivním podvědomí“ nacházejí své místo všechny zkušenosti lidstva.*
*3 Zkušenosti lidstva, představované ve formě „prvotních psychických prvků“ nebo „archetypů“, plynou do podvědomí jednotlivců ve formě „psychických synchronicit“.*

*Obrázek 22. Na nelokální úrovni neexistují žádná omezení prostoru ani času. Realita není vázána „zákony kauzality“, které dominují fyzické úrovni.*

*Lokální úroveň.*

Třetí úroveň existence je oblast nelokálního. Na této úrovni není ani čas, ani prostor. Tato úroveň se nazývá „nelokální", protože ji nelze nikam umístit.

Není to ani v nebi, ani na zemi: není to v nás a není to mimo nás. Prostě existuje „samo o sobě".

Je to virtuální říše, kterou můžeme přirovnat k Jungovu „kolektivnímu podvědomí". Na „nelokální" úrovni žijí všechny informace a energie, které tvoří vesmír.

Tato úroveň je „polem" čistého potenciálu. Je to místo, které řídí celý vesmír, protože zná celý vesmír. (Viz obr. 21). Ve vesmíru neexistují žádné informace nebo síly, které nejsou založeny na sféře „nelokálních".

Proto „nelokální" úroveň obsahuje „projekt" a veškerou inteligenci vesmíru. „Nelokální" úroveň organizuje a řídí celý vesmír, vytváří a distribuuje energii, která formuje fyzický svět..

*Jak se účastníme tohoto projektu?*

Jsme prostě jeho součástí.

Energie, silová pole, jejichž vibrace se skládají, jsou nedílnou součástí úrovně „nelokality".

Podílejí se na tvorbě a distribuci energií vesmíru. Nejsme subjekty, ale stavitelé nelokální reality.

Nemůžeme dělat mnoho pozorování o nelokální realitě. Může být užitečné zmínit Larryho Dosseyho, učence, který na toto téma vydal několik knih.

Podle Dr. Dosseyho lze úroveň nelokality definovat třemi charakteristikami.

Za prvé, události, ke kterým dochází v nelokálním prostředí, nejsou zprostředkovány třetími prvky. To znamená, že nejsou spojeny kauzalitou, ale každá událost je nezávislá na ostatních. Události se však mohou navzájem propojovat a koordinovat, stejně jako události, které jsou součástí synchronicity.

Události navíc nejsou „oslabené" a jsou „okamžité". Na rozdíl od toho, co se děje na fyzické úrovni, síla událostí zůstává stejná (nezmenšuje se) na jakoukoli vzdálenost. Síla se nesnižuje ani vlivem prostoru, ani účinkem času.

Můžeme si představit rozhovor mezi dvěma lidmi. Jeden člověk žil před tisíciletími v Africe. Druhá osoba dnes žije v Arktidě.

Rozhovor se odehrává, jako by byli oba sousedi v čase a prostoru .. Tiší se navzájem. Hlas nesmí cestovat vesmírem. Všechno se děje ve věčném „nyní, společně". (Viz obr. 22).

Jak to všechno může být pro nás užitečné? Určitě nám může pomoci pochopit, že mnoho jevů, například mimosmyslové vnímání. Tyto jevy považuje materialistická věda za nemožné. Přesto jsou tyto jevy možné na kvantové úrovni. Jsou ještě možné na nelokální úrovni.

*Silová pole.*

Jungova „synchronicita“ je založena na událostech, které spolu nemají žádné kauzální vazby. Každá z událostí, která tvoří „synchronicitu“, nemá žádný kauzální vztah s ostatními. Jedinou věcí, která tyto události spojuje, je „význam“, který předpokládají pro pozorovatele.

Synchronicita je tudíž mimo oblast moderní vědy. Ve skutečnosti se v současné době věda zabývá pouze událostmi, které mezi sebou mají vztah, tedy na základě principu příčiny / následku.

Ačkoli jiní vědci navrhli možnost existence jiných forem spojení ve vesmíru, jiných než těch, které jsou založeny na kauzalitě, jejich myšlenky byly odmítnuty jako pseudovědecké a nebyly brány v úvahu.

Před příchodem takzvané éry „Âge des Lumières“ se přikládal velký význam konceptům spřízněnosti, harmonie a soucitu, které jsou užitečné pro propojení částí reality s nefyzickými vazbami.

S příchodem Âge des Lumières byly tyto vztahy zcela ignorovány, dokud nebylo zjištěno, že neviditelná pouta a síly skutečně existují.

Nejdůležitějším objevem byla přitažlivost vyvolaná gravitační silou. V důsledku známé anekdoty jablka, která mu spadla na hlavu, Newton vypracoval tři zákony dynamiky.

Podle prvního zákona těleso zůstává nehybné nebo se pohybuje přímočarým způsobem, dokud nezasáhne síla, která změní jeho trajektorii. Tato síla je gravitace. Například by se Měsíc ztratil ve vesmíru, kdyby nebyl držen na své oběžné dráze gravitační silou vyvíjenou Zemí. Totéž by se stalo se zemí, kdyby nebyla vystavena gravitačnímu vlivu slunce.

Po gravitaci to byl tah magnetismu, to je síla, která vyjadřuje přitažlivost nebo odpor mezi dvěma tělesy vybavenými určitým elektrickým nábojem.

Teorii vyvinul Michael Faraday, který navrhl existenci „silových linií" mezi magnetem a přitahovaným kovem. Byl to tehdy James Clerk Maxwell se svými rovnicemi, který dokázal, že elektřina, magnetismus a světlo jsou projevy stejného jevu: elektromagnetického pole.

Od tohoto okamžiku se pojem pole ve fyzice stále častěji používá. Musíme však zdůraznit, že tento koncept se nepoužívá pouze ve fyzice.

Pojem pole lze rozšířit na mnoho dalších vztahů i mimo fyziku, jak je znázorněno na obrázku 23. Za prvé, tento termín vždy naznačoval pozemek, který je obdělávám, v tom smyslu, že pole je místem, kde rolnická akce se koná.

Pro pojem pole můžeme přijmout tuto definici: „místo, kde se vykonává konkrétní činnost jednající osoby". Pak můžeme dojít k závěru, že jednajícím subjektem může být jakýkoli, například zemědělec, nebo fyzikální princip, jako je gravitace nebo magnetismus. Může to být také psychický princip, jako je synchronicita.

Mezi zemědělcem a jeho zemí je vytvořeno „utilitární" silové pole. Nevidíme to, ale uvědomujeme si, že existuje, když vidíme plody sklizně.

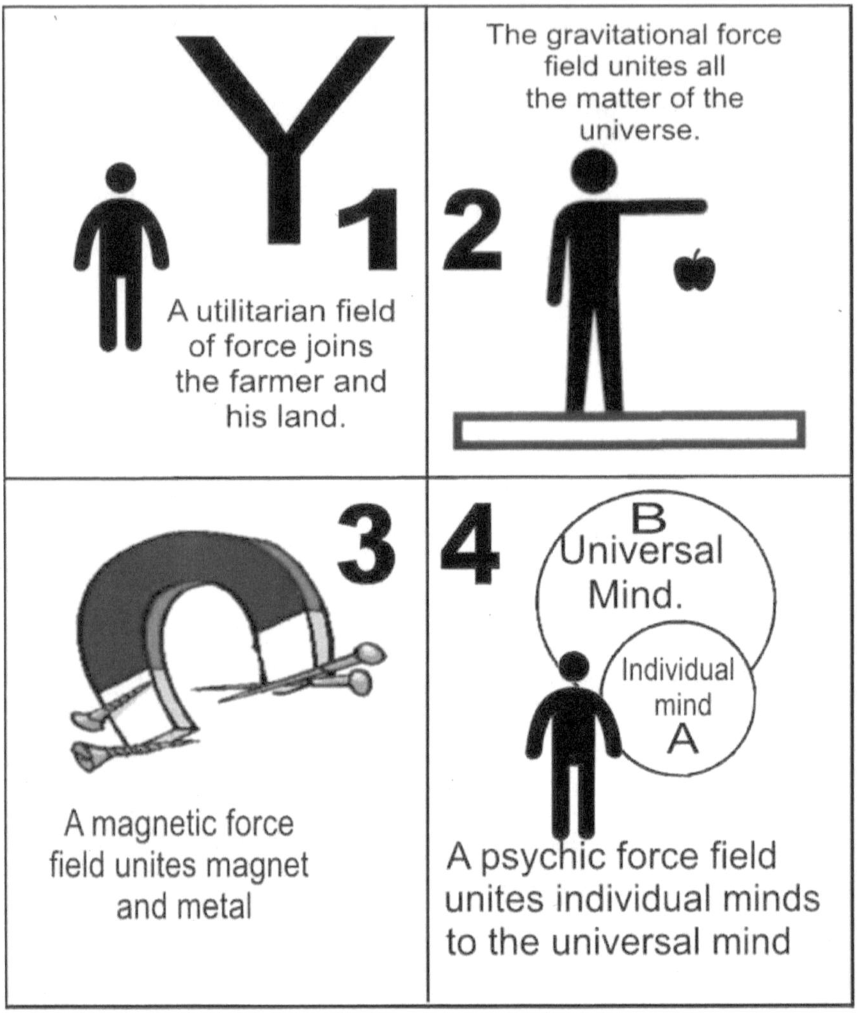
1
A utilitarian field of force joins the farmer and his land.
2
The gravitational force field unites all the matter of the universe.
3
A magnetic force field unites magnet and metal
4
B
Universal Mind.
Individual mind
A
A psychic force field unites individual minds to the universal mind

*Obrázek 23. Znázornění různých forem konceptu silového pole.*
*1 Utilitární silové pole spojuje farmáře s jeho zemí.*
*2 Gravitační silové pole spojuje veškerou hmotu ve vesmíru.*
*3 Magnetické pole spojuje nehty s magnetem.*
*4 Psychické silové pole spojuje mysl každého jednotlivce s univerzální myslí.*

Mezi Zemí a Měsícem se vytváří gravitační silové pole. Nevidíme to, ale uvědomujeme si, že existuje, protože Měsíc neutíká pryč do vesmíru, ale nadále se točí kolem Země.

Mezi magnetem a kusem kovu je vytvořeno magnetické silové pole. Nevidíme to, ale uvědomujeme si, že existuje, protože kov je přitahován magnetem.

Mezi individuálním vědomím a univerzálním vědomím se vytváří psychické silové pole. Nevidíme to, ale uvědomujeme si, že existuje, protože se vyskytují nevysvětlitelné jevy se současnými známými fyzikálními zákony.

V jungiánské psychoterapii se často používá termín „archetypální pole". Rozdíl mezi psychickými a fyzickými poli spočívá v tom, že fyzická jsou dobře definovatelná a umístěná ve vesmíru a jsou vybavena vlastní energií.

Fyzická pole dále přenášejí signály, které při pohybu a přenášení informací nemohou překročit rychlost světla.

Naopak psychická silová pole nejsou lokální, tj. Nemohou být přesně lokalizována v čase a prostoru,

Psychická pole přenášejí informace, které nemají rychlost ani časová omezení. Tato pole jsou přítomna současně v prostoru a čase. Jak uvidíme později, mají kvantové vlastnosti.

*Hora kletby.*

Když Izraelité, vedeni Joshuou, vstoupili do Zaslíbené země, začali je dobývat obléháním a ničením všech měst místních obyvatel.

Po dosažení města Ai si Joshua myslel, že město je příliš malé na to, aby využilo veškerou armádu, a rozhodl se vyslat několik vojáků. Obyvatelé Aj však vyšli ze zdí a zabili je.

V zoufalství hledal Joshua pomoc u svého Boha, Jaweho. Jeho bůh mu řekl, že porážka byla výsledkem nevěry izraelského lidu. Ale pak ho utěšil a navrhl správnou strategii, jak dobýt město Ai.

Celá Joshuova armáda šla blízko ke zdi a nechala se skrýt. Mezitím se do útoku pustila malá skupina vojáků. Obyvatelé Ai opustili město a pronásledovali tyto vojáky na venkov a mysleli na zopakování předchozího úspěchu.

To umožnilo ostatním jednotkám, které zůstaly skryty, vstoupit a dobýt bezbranné město.

Díky vítězství pochopil Joshua, že každá neposlušnost by způsobila porážku jeho lidu, a připomněla mu, co Jaweh předepsal Mojžíšovými ústy:

> "When the Lord your God has brought you into the land you are entering to possess, you are to proclaim on Mount Gerizim the blessings, and on Mount Ebal the curses." (*Deuteronomy 11:29*)

> *„Až tě Pán, tvůj Bůh, dovedl do země, kterou hodláš dobýt, budeš křičet požehnání na hoře Gerizim a budeš křičet kletbu na hoře Ebal.“ (5. Mojžíšova 11:29).*

Dvě hory Garizim a Ebal se nacházejí proti sobě, v údolí Sichem, nyní známém jako údolí Nábulusu. Mount Garizim, který dosahuje 881 metrů, je v současné době známý jako Jebel at-Tur.

Mount Ebal je vyšší, 940 metrů, a odpovídá současnému Jebel Eslamiyeh.

V poslušnosti Jawehovi tedy Joshua uspořádal velkolepý a velkolepý obřad. Všichni muži šesti izraelských kmenů, Ruben, Gád, Ašer, Zabulón Dan a Neftalí, vyšli na horu Ebal, aby ohlašovali kletby. Muži z ostatních šesti kmenů šli nahoru na horu Gerizim, aby ohlašovali požehnání.

Všichni, kteří od té doby budou dodržovat Boží zákon, měli být požehnáni. Ti, kdo tak neučinili, museli být následně prokleti.

Archa smlouvy a levitští kněží stáli uprostřed, v údolí.

Když křičeli požehnání, kmeny, které stály na hoře Gerizim, odpověděly výkřikem, který mocně sestoupil do údolí: „Amen! Amen!"

Stejně tak kmeny umístěné na hoře Ebal, když byly proklamovány kletby. Tímto rituálem chtěli Izraelité vytvořit kontext požehnání a kletby, do kterého byla zapojena veškerá příroda, od údolí až po vrcholky hor. Účinky tohoto rituálu by se časem udržovaly, pokud by tam zůstaly samotné hory, které by toho byly svědky.

Můžeme si představit vznešenost této události, kdy se na dvou horách shromáždily desítky tisíc lidí. Emocionální účast tolika lidstva skutečně musela vytvořit to „silové pole“, které muselo být ustaveno v dimenzi ještě vyšší, než je psaný zákon, věčná síla, nezničitelná a již nezměnitelná.

*Rituální koupel v řece Ganze.*

Nebyla to jediná příležitost, kdy lidská účast vytváří pole síly, obecně prospěšné pro lidstvo.

Indická mytologie říká, že Ganga (odtud název řeky Gangy), dcera horského krále Himavana, měla moc učinit vše, čeho se dotkla, čistým.

Podle hinduistů je proto řeka Ganga posvátná. Věří, že alespoň jednou se člověk musí koupat v Ganze.

Mnoho hinduistických rodin má doma láhev vody Holy Ganga. Každý věří, že tato voda může očistit duši člověka od všech hříchů a může také uzdravit nemocné.

Každých šest let se hinduističtí věřící shromažďují na soutoku Gangy se dvěma dalšími řekami, Yumanou a Saraswati, aby oslavili svátek Ardh Kumbh Mela, na jehož konci se koná obřad Shahi Snan neboli očistná lázeň. místo.

Neuvěřitelně plný obřadu patosu. Tisíce a tisíce hinduistů se ponoří do řeky na koupel, která uzdraví duši. Tekoucí voda je impregnována jejich vírou a ozývá se jako léčivá síla pro celé stvoření.

Je zřejmé, jak tento obřad vyvolává emoce nesmírné intenzity i pro nevěřící, kteří jej pozorují. Všichni účastníci jsou jistě zapojeni do mocného pole mystické síly.

Desítky milionů lidí, z nichž někteří trpí infekčními chorobami, a dokonce i mrtvoly lidí a zvířat, se dotýkají vod řeky Gangy. Údajně překvapivě nikdo nikdy nedostal chorobu z namočení nebo pití této vody.

Podobné mystické pole léčivé síly můžeme najít v mnoha dalších zdrojích vody, například v Lurdech.

*Silová pole a archetypy.*

Podle Junga představují archetypy vrozené a předem stanovené myšlenky lidského nevědomí. Sídlí v kolektivním bezvědomí a jsou skutečnými centry psychické energie.

Spontánně se projevují v myslích jednotlivců, zejména ve chvílích utrpení v důsledku krizí nebo transformací.

Epizody synchronicity se objevují díky spojení, které se vytváří mezi tím, co psychika člověka shromažďuje z kolektivního nevědomí, a tím, co prožívá ve vnějším světě.

Přestože jsou vrozené a obsahují veškerou lidskou historii a zkušenosti, archetypy se s vývojem lidského druhu posilují.

Čím více silových polí vytváří lidská psychika, tím více se „archetyp" upevňuje v kolektivním nevědomí.

V tomto smyslu bychom mohli říci, že lidské touhy jsou formovány univerzální myslí, kterou definujeme jako kolektivní nevědomí. Univerzální mysl je zase formována silovými poli generovanými touhami a očekáváními, tj. Lidskými úmysly. Synchronicita funguje v obou směrech.

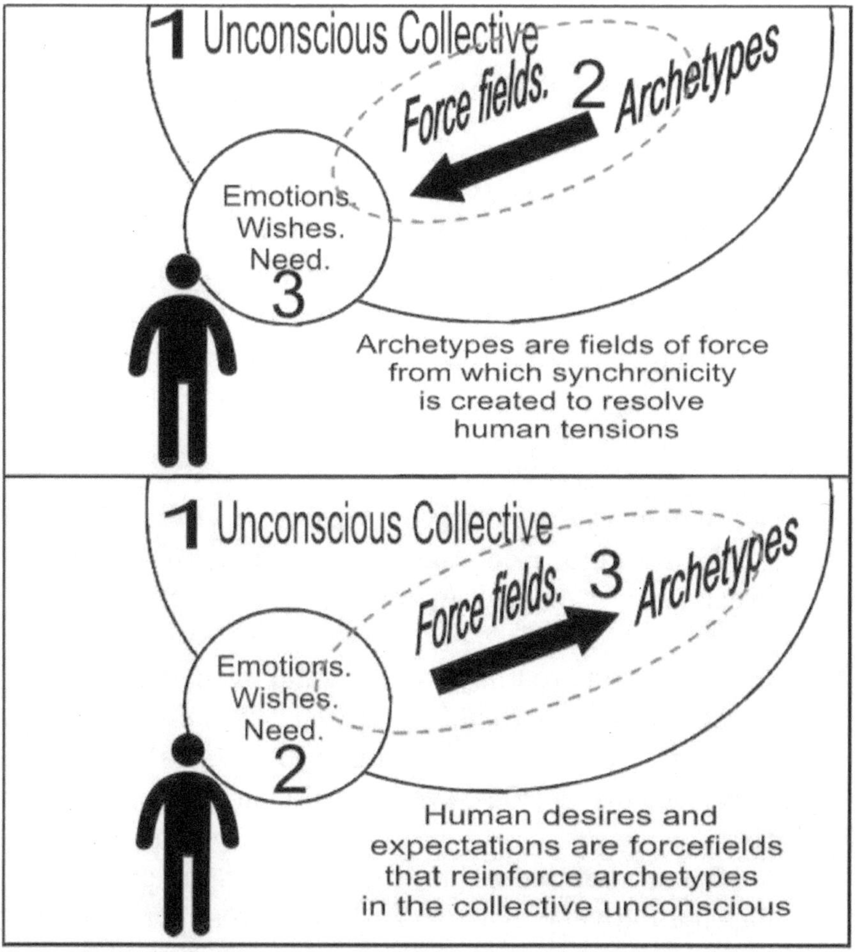


*Obrázek 24. Vzájemné posilování mezi záměry, které stoupají směrem k nelokálnímu, a synchronicitami, které z něj sestupují.*
*1 Kolektivní podvědomí je místo, kde dochází k setkání mezi jednotlivcem a kosmem.*
*Archetypy plynou z kolektivního podvědomí k individuálnímu vědomí.*
*Touhy, zkušenosti a emoce jednotlivců posilují kolektivní podvědomí.*

*Duševní pole.*

Rupert Sheldrake je britský biolog a esejista nejlépe známý svou teorií morfických polí nebo polí formy. Charakteristikou těchto polí je, že nemají žádný odkaz na klasickou fyziku, to znamená, že nejsou mechaničtí, ale řídí se neznámými zákony. Ve své knize Rozšířená mysl říká:

> „Během výzkumu vývoje rostlin na University of Cambridge jsem došel k závěru, že živé organismy jsou organizovány prostřednictvím polí.
>
> Jak rostou rostliny z jednoduchých embryí obsažených v semenech, aby se z nich staly gardénie, sekvoje nebo bambusy? Jak získávají listy, květiny a plody své vlastní charakteristické tvary?
>
> Naivní odpovědí je, že vše je geneticky naprogramováno. Každá vyvíjející se rostlina nebo zvíře nějak postupuje podle pokynů obsažených v jejích genech.
>
> Problém této teorie spočívá v tom, že vlastně víme, co geny dělají: kódují aminokyseliny, které tvoří molekuly proteinů.
>
> Geny umožňují buňkám produkovat správné proteiny ve správný čas, jak se tělo vyvíjí. Ale mít správné proteiny nevysvětluje tvar květiny nebo strukturu myši. Proč se taková struktura vyvíjí?

Nikdo neví. Toto je jeden z hlavních nevyřešených problémů v biologii.

Za posledních čtyřicet let bylo vyvinuto obrovské úsilí ke studiu genů a kontrole jejich aktivity. K dispozici je spousta podrobných informací, ale to neznamená pochopit vývoj myši nebo jiného organismu.

Říci, že se buňky, tkáně a orgány jednoduše samy organizují, je ekvivalentní s tvrzením, že kdyby byly všechny materiály dodány na staveniště ve správný čas, budova by se automaticky postavila sama a ve správném tvaru.

Je zřejmé, že tomu tak není. Budovy nejsou stavěny samy o sobě, ale jsou postaveny podle projektu. Projekt samozřejmě není obsažen ve stavebních materiálech: jedná se o prostorový nápad, vzor informací, které v materiálech chybí. "

Od minulého století mnoho biologů, kteří studují vývoj živých organismů, dospělo k závěru, že práce genů nestačí a že kromě programování potřebných materiálů musí existovat organizační systém, který dohlíží na vývoj.

Předpokládá se, že systém je založen na polích, která se nazývají „morfogenetická pole". V matematických modelech připravených ke studiu vývoje organismů byly zavedeny prvky vytvářející přitažlivost. „Lákadla" jsou cíle, ke kterým směřují morfogenetická pole.

Tyto atraktory sídlí v neurčených prostorech, které matematici nazývají „povodí přitažlivosti", a mají schopnost přilákat a nasměrovat každý organismus ve směru vývoje vhodném pro jeho druh a rod.

Vývoj myši je tedy formován morfogenetickým polem myší a vývoj sedmikrásky morfogenetickým polem sedmikrásky.

Dobře, ale kde jsou tato pole? Jak jsou váženy, jak jsou měřeny?

Vládne nad tím absolutní temnota. Tady tedy je, že i matematické modely vývoje jednoduché sedmikrásky se musí uchýlit ... k neznámému, aby vysvětlily, jak se sedmikráska vytváří.

Stává se povinné akceptovat, že kromě fyzikálních polí, jako je elektrické pole a magnetické pole, existují i nefyzická a nemístní pole, tj. Pole, která nejsou měřitelná. Dále není známo, kde jsou tato pole nebo odkud pocházejí.

Uvažujme o lidské bytosti, muži nebo ženě, 30-40 let staré, 1,75 metrů vysoké a vážící 70 kg. Jeho chemické složení bude:

voda 59%, což odpovídá 41,4 kg
bílkoviny 19%, což odpovídá 13 kg
tuky 17%, což se rovná 12 kg
minerály 4%, což se rovná 3 kg
sacharidy 1%, což odpovídá 0,6 kg
stopové vitamíny 3-5 g

Myslíte si, že kdybyste dali tyto prvky dohromady do třepačky a třásli se podle libosti, dostali byste muže? Ne. Ani lidé nejsou „shromážděni“ náhodně, ale podle pokynů morfogenetického pole. (Viz obr. 25).

*Jak fungují morfogenetická pole?*

Ve skutečnosti to nikdo neví. Rupert Sheldrake předpokládá, že se jedná o pole rodu, který fyzikové dosud nepoznali, a proto navrhuje tři vlastnosti.

První je zřejmé, morfogenetické pole je projekt, který řídí procesy, které by jinak byly náhodné. Při absenci morfogenetického pole, které řídí (vlastně ukládá) vývoj myši, by to byl chaos: mohli bychom mít myši s osmi ocasy a jednou nohou nebo horší myši s polovičními těly podobnými švábům.

Druhým je, že tato pole, jak předpokládají matematické teorie, obsahují „agenty přitažlivosti".

Kromě plánování vývoje momentu tato pole vědí, jak řídit budoucí vývoj. Morfogenetická pole vědí „kam jdeme", vidí, co se stane, než se to stane.

Mají moudrost nebo, chcete-li, svědomí, vědomí svého úkolu. Jak se projekt vyvíjí dnes, pole již vidí, co se stane v budoucnu.

Třetí vlastností je, že morfogenetická pole nejsou ve vesmíru registrována jednou provždy, ale vyvíjejí se společně s referenčními organismy. Pole všech druhů mají historii, které si jsou vědomi. (Viz obr. 26).

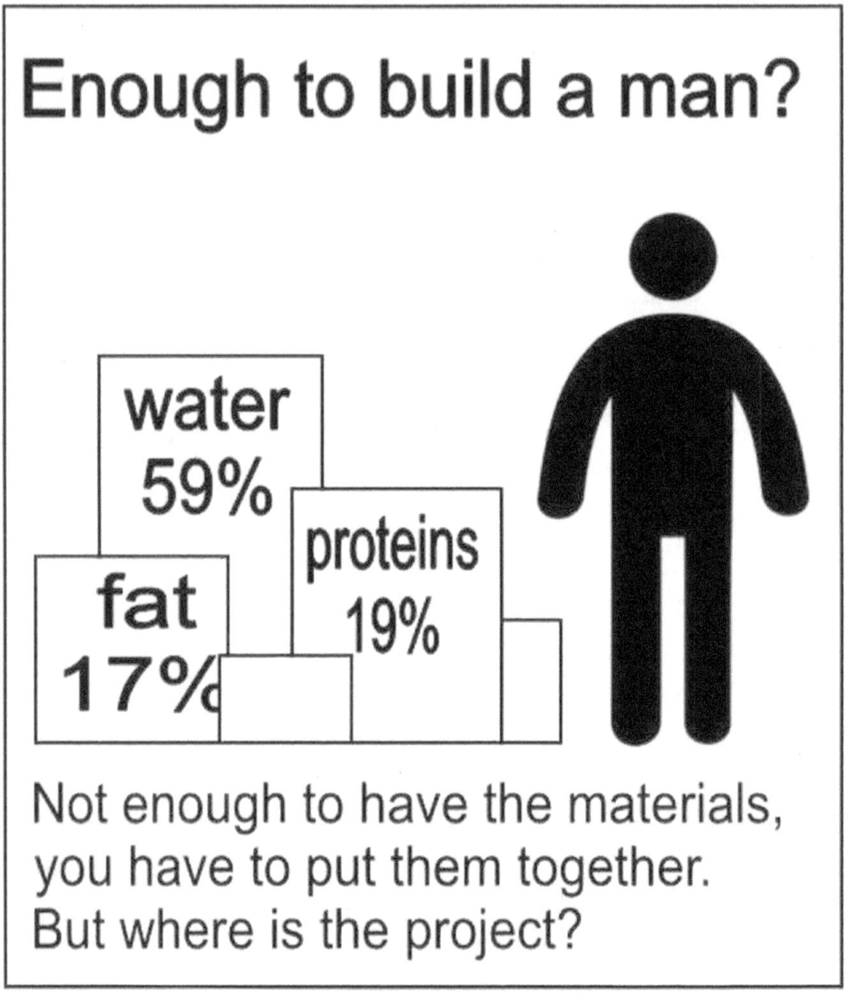


*Obrázek 25. Nestačí přinést všechny materiály na stavbu, aby bylo možné vytvořit budovu. Je zapotřebí projekt. To však není obsaženo v materiálech.*

| Morphogenetic fields | |
|---|---|
|  1 | The vine produces grapes because its development takes place in accordance with the morphogenetic field of the vine. |
| | *This vine growing enhances and modifies the morphogenetic field of all the vine plants.* |
|  2 | Pear produces pears because its development takes place according to the morphogenetic field of Pear. |
| | *This growing pear tree enhances and modifies the morphogenetic field of all pear trees.* |

*Obrázek 26. Každý prvek vesmíru, zvířecí, rostlinný nebo minerální, se vyvíjí podle projektu zapsaného do jeho morfogenetického pole.*

*1 Vinná réva produkuje hrozny, protože její vývoj sleduje norfogenetické pole vinné révy. Jak tato réva roste, posiluje morfogenetické pole všech vinic.*

*2 Hruška produkuje hrušky, protože její vývoj sleduje morfogenetické pole hrušek. Jak však roste, posiluje morfogenetické pole všech hrušní.*

*Morfogenetická pole a morfická rezonance.*

Dalším krokem je rozšíření provozního principu morfogenetických polí. Ty jsou omezeny již samotným názvem: jejich funkcí je spolupráce s geny při realizaci stavebních projektů organismů.

Můžeme si představit větší oblasti, ve kterých by se pole mohla stát vodícími projekty k budování nejen fyzického těla, ale také charakteru, tj. Psychických vlastností.

Například, jak myš roste, její instinkty a chování s ní mohou také růst podle již existujícího plánu. Jako dítě ho jeho instinkt přivede k hledání potravy u matky, až vyroste, bude hledat potravu samostatně lovem nebo hledáním potravy v odpadu.

V tomto případě mluvíme o morfické rezonanci mezi psychikou vyvíjející se myši a psychikou všech nekonečných myší, které před ní žily.

Rezonance je jev podobný ozvěně nebo rachotu. Abychom uvedli velmi běžný příklad, představte si, že si vezmete dva mikrofony, které jsou zapnuty blízko sebe; můžete začít slyšet píšťaly zvyšující se hlasitosti.

Technicky se říká, že dva mikrofony oscilují: každý z nich vysílá signál druhému a přijímá jej se zesílenou návratností. To je to, co jsme navrhli na obrázku 24 argumentem, že archetypy a vědomí na sebe vzájemně působí a posilují se.

Podobně morfickou rezonancí přichází do kontaktu psychika miliard myší, které dříve žily, a psychika jediné myši. Jednotlivec získává všechny zkušenosti s druhem.

*Obrázek 27. Pohyby a vývoj hejn ryb nebo hejn ptáků jsou způsobeny silovými poli spojenými s nelokalitou. Proto se okamžitě přenášejí na všechny ryby nebo ptáky.*

*1 Instinkt migrace pochází z morfického pole čápa.*

*2 Silové pole koordinuje pohyby hejna čápů.*

Současně se zkušenost druhu obohacuje o zkušenost jednotlivce. Promluvme si o paměti druhu.

Otázka zní: kde je paměť druhu? Nikde nelze říci, protože jednou z jeho vlastností je nelokalita. Nebo analogicky s tím, co bylo dosud řečeno, bychom jej mohli umístit do kolektivního bezvědomí myší.

Znovu cituji Sheldrake, abych lépe objasnil koncept morfického pole.

"Other kinds of morphic fields include the behavioral fields that underlie the behavior and instincts of animals. As a kitten grows up, its instincts and behavior are shaped by morphic resonance from countless cats in the past. Its morphic fields contain a collective memory of the species. These fields interact with nervous systems and brains by imposing pattern and order on otherwise indeterminate or chaotic processes within them, as I discuss below.
In addiction, the morphic fields of social groups, or social fields, coordinate the behavior of animal groups, such as termite colonies, flocks of birds, schools of fish, and packs of wolves". (The Sense of Being Stared At: And Other Unexplained Powers of Human Minds)

*"Existují morfická pole, která zahrnují behaviorální pole, která jsou základem chování a instinktů zvířat."*
*Jak kočka roste, její instinkty a chování jsou formovány morfickou rezonancí nespočetnými kočkami minulosti. Jeho morfická pole obsahují kolektivní paměť druhu.*
*Tato pole interagují s nervovým systémem a mozkem jednotlivců a ukládají vzorce a příkazy procesům, které by v nich byly jinak neurčité nebo chaotické.*

*Kromě toho morfická pole sociálních skupin nebo sociální pole koordinují chování skupin zvířat, jako jsou kolonie termitů, hejna ptáků, hejna ryb nebo vlci "*

*Morfická pole.*

Morfická pole projevují svou tichou přítomnost v našem vnímání, myšlenkách a všech našich mentálních procesech.

Morfická pole duševních činností se nazývají duševní pole. Prostřednictvím mentálních polí zasahuje mysl do prostředí a spojuje se s ostatními členy sociálních skupin.

Tyto odkazy mohou vysvětlit telepatii, pocit sledování, jasnovidectví a psychokinezi. Mohou také pomoci porozumět předtuchám a předtuchám, protože vědí, jak zasahovat do budoucnosti, protože v nelokality budoucnost neexistuje.

*„Silová pole" v přírodě. Kameny.*

Na začátku této části jsem navrhl hypotézu silových polí, která se tvoří v důsledku záměrů, tj. Přání a svědomí člověka, jako u příležitosti posvátné lázně v řece Ganze.

Existují však přirozená silová pole, nezávislá na člověku, která člověk identifikoval od úsvitu lidstva, kdy jeho vazby se silami přírody byly mnohem silnější než to, co se děje dnes.

Poutní místa již existovala v prehistorických dobách, spojená s vírou v posvátnost konkrétních míst: lesy, potoky, kameny. Z těchto přesvědčení se také vyvinuly oslavy náboženských kultů.

Země byla uctívána jako Matka podle konceptu přítomného ve všech národech. V důsledku toho všechny věci, které pocházejí z Matky Země, získaly posvátný význam.

Zejména některé kameny byly považovány za kontejnery mystických vlastností. Kámen, který sám o sobě symbolizuje sílu a trvanlivost, se stal výrazem přítomnosti božské, mocné a věčné síly.

Kámen také inspiroval bezpečnost, protože první lidská obydlí byla umístěna přímo uvnitř kamene, v jeskyních.

Jeskyně nebyly považovány pouze za ubytovny, ale za místa plná posvátnosti. To lze pochopit pozorováním dekorací přítomných v mnoha z těchto jeskyní.

Výzdoba proměnila jeskyně v chrámy, jak se stalo například v jeskyních zdobených skalními malbami Lascaux nebo Chauvet ve Francii, jeskyni Altamira ve Španělsku nebo dokonce Grotta del Genovese na Levanzu na Sicílii.

Žádný jiný materiál nedoprovází historii člověka jako kámen. Odkaz začíná konstrukcí nástrojů a pokračuje dnes stavbou budov, které se dotýkají mraků.

Symbol kamene najdeme také v alchymistické praxi, zaměřené na hledání kamene mudrců, schopného přeměnit olovo ve zlato, ale také pozvednout člověka z jeho surové povahy k vyšší duchovnosti.

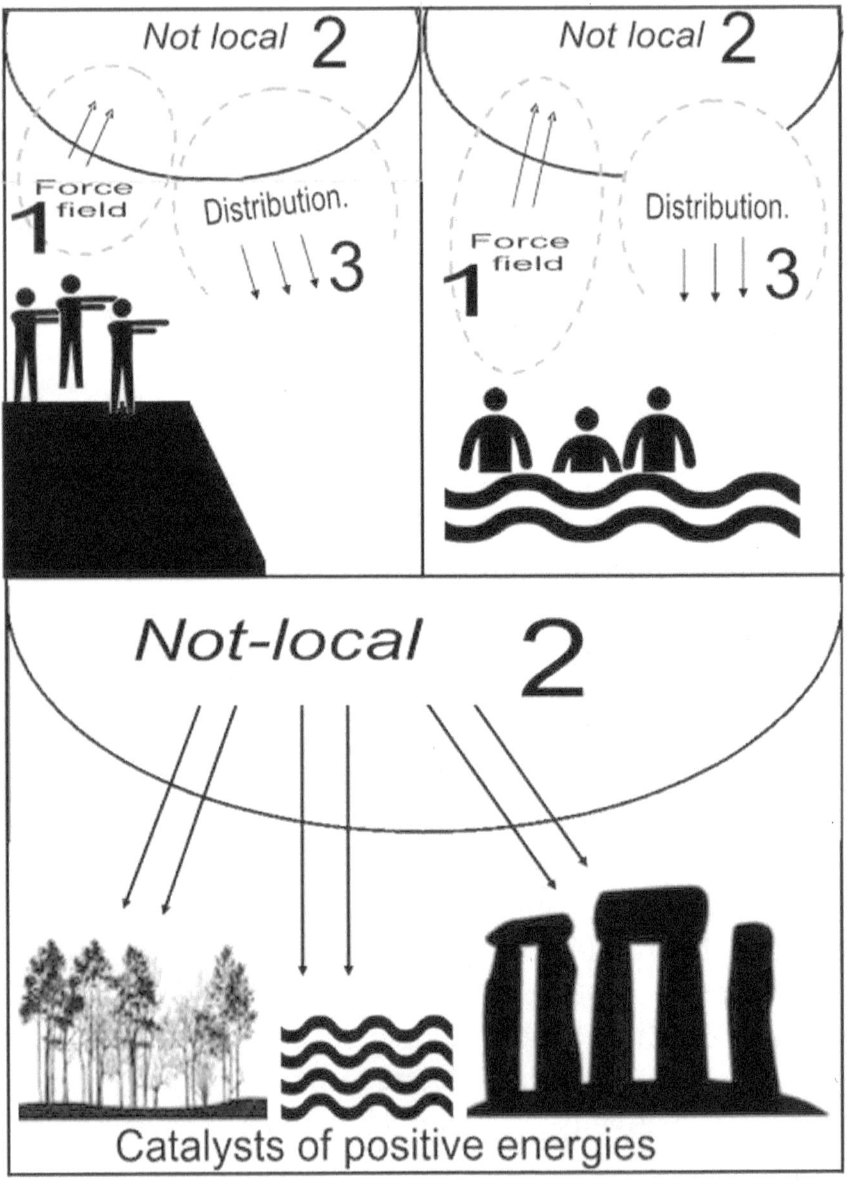

Not local 2
Force field
1
Distribution.
3
Not local 2
Distribution.
Force field
1
3
Not-local 2
Catalysts of positive energies

*Obrázek 28. Katalyzátory pozitivní energie.*
*1 - 2 Lidské úmysly mohou vytvářet silová pole, která ovlivňují nelokální úroveň.*
*3 Mnoho míst na Zemi je katalyzátorem pozitivních energií, které přicházejí z nelokální úrovně.*

Ve všech kulturách je člověk vnímán jako natahující se k nebi, ze kterého pochází. Člověk je vzhledem ke své smrtelné přirozenosti oddělen pouze dočasně od vesmíru, ale neustále hledá most, který by ho znovu spojil s věčností, ze které pochází.

Kameny se často stávají mostem, který upřednostňuje tento kontakt. Z této perspektivy lze vidět megality.

Kameny postavené jako jednotlivé prvky nebo v kruzích (cromlech) jako v Stonehenge, v Anglii, nebo znovu v zákrytech jako ve francouzském Carnacu, mají sílu katalyzovat energii vesmíru. (Viz obr. 28).

Tato energie pocházející z celku, tj. Z nelokality, generuje místní silová pole, do nichž se člověk může ponořit, aby mohl být spojen s univerzální silou, božskou.

Silová pole generovaná těmito místy mají často vynikající léčivé schopnosti, a to jen proto, že psychická pohoda vytváří také fyzickou pohodu.

## *Pierre Teilhard de Chardin a „Omega Point“.*

Pierre Teilhard de Chardin byl jezuitský kněz, narozený ve Francii v Orcines v roce 1881. Známý především jako evoluční vědec, vypracoval několik teorií, mezi nimiž je důležitá teorie týkající se „noosféry“.

„Noosphere“ je termín, který je odvozen z řeckého slova „nous“, což znamená mysl, a „koule“ ve smyslu biosféry nebo biologického pole.

Pro Teilharda de Chardina je „noosféra“ kolektivním vědomím lidských bytostí, které vychází z interakce mezi všemi lidskými mozky. Jak organizace lidského druhu postupovala, noosféra se vyvinula do jakési rezonance.

Koncept má jistě silné analogie s Jungovým kolektivním podvědomím a tvorbou Sheldrake „morfických polí“.

Čím více se lidstvo organizuje zvyšováním své složitosti, tím více se formuje noosféra. Učenec tvrdil, že „noosféra“ se bude rozšiřovat se zvyšující se rezonancí a integrací, dokud nedosáhne toho, co nazval Omega Point,

Toto je maximální úroveň složitosti a vědomí, ke které má vesmír sklon ve své evoluci.

Zveřejnění jeho spisů vyvolalo v katolických kruzích prudkou polemiku, a to i kvůli kontrastu mezi konzervativci a inovátory v období před Druhým vatikánským koncilem.

Teilhard de Chardin byl skutečně obviněn z kacířství, přesněji z panteismu, ze stejného obvinění, za které byl na hranici upálen Giordano Bruno.

Církev jako obvykle prokázala, že je vždy o krok pozadu ve vědě, a proto musí být stejně horlivé i improvizované věty soudců přezkoumávány reflexivnějšími a osvícenějšími mozky.

Teorie Teilharda de Chardina byla v poslední době skutečně přehodnocena pozitivně. Papež Pavel VI. V projevu o vztahu vědy a víry ocenil jeho práci a označil jej za vědce, kterému se při studiu hmoty podařilo znovu objevit Ducha.

Dodal také, že De Chardinova teorie nepopírá Boha, ale podporuje „přítomnost Boha jako principu Inteligence a Stvořitele".

Poté kardinál Ratzinger, pozdější papež Benedikt XVI., Připustil, že jeden z hlavních dokumentů koncilu, encyklika „Gaudium et spes", byl silně prostoupen myšlenkou francouzského jezuity. Dále uvedl, že jeho vize byla předehrou k „velké kosmické liturgii".

# Část pátá. Zázraky kvantové fyziky.

*I have yet to see any problem,*
*however complicated, which,*
*when looked at in the right way*
*did not become still more complicated.*
*(Poul Anderson, writer)*

*Jakýkoli komplikovaný problém, analyzovaný správným*
*způsobem, se stává ještě komplikovanějším.*
*(Poul Anderson, spisovatel)*

## *Čas, vzdálenost, „kvantová nelokalita".*

Než se budeme zabývat tématem týkajícím se jevu zvaného „kvantové zapletení", je užitečné mít představu o dimenzích, ve kterých se pohybujeme. Když žijeme na fyzické úrovni, jsme zvyklí měřit čas na stupnici od sekund do staletí a zdá se nám, že vzdálenost mezi těmito dvěma extrémy je obrovská.

Po pravdě řečeno, století zahrnuje 876 000 hodin, a proto, když vezmeme v úvahu, že hodinu tvoří 3 600 sekund, století je tvořeno přibližně 3 miliardami 154 000 sekund.

Pokud se však pokusíme domnívat, že v astronomii se čas počítá v miliardách let (jedna miliarda let je deset milionů století), můžeme dobře vidět, že obvykle používané jednotky měření nejsou dostatečné.

Totéž lze říci o vzdálenostech: obvykle uvažujeme v milimetrech, metrech nebo kilometrech. Pokud však chceme provádět měření v galaxii nebo v jádru atomu, uvědomíme si, že tyto jednotky měření nejsou adekvátní.

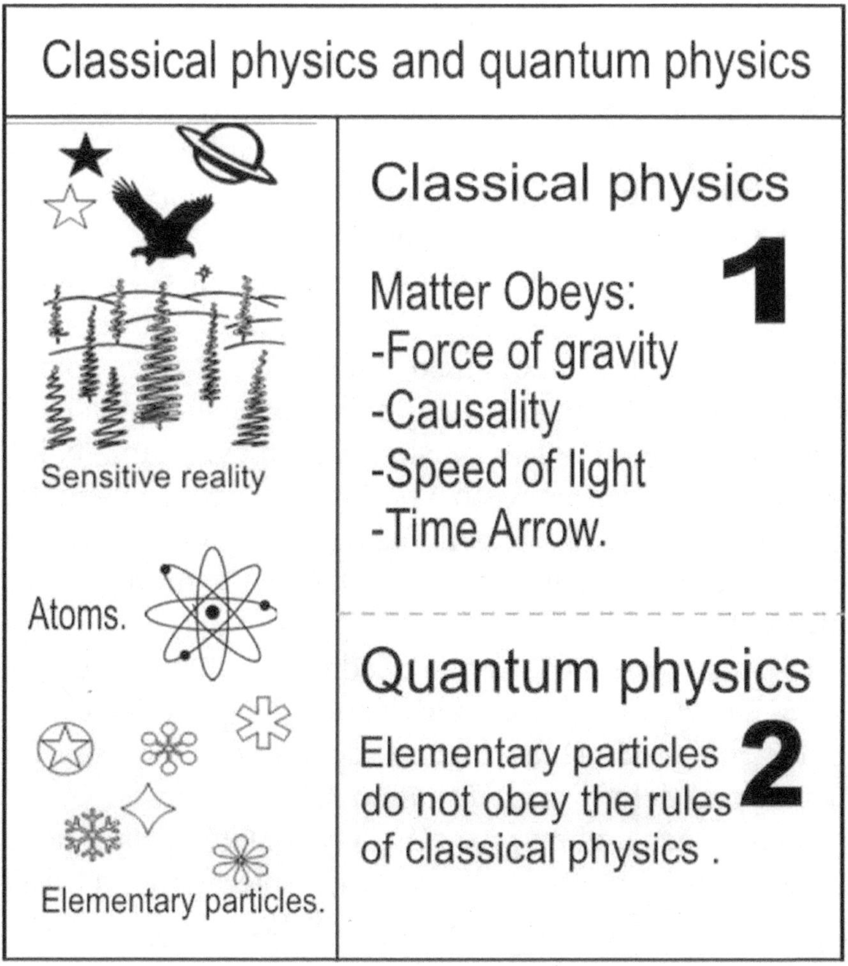


*Obrázek 29. Ještě před několika lety jsme znali pouze klasickou fyziku. Nyní vyšlo najevo, že existuje další úroveň, úroveň elementárních částic. Na této úrovni již pravidla klasické fyziky neplatí.*

*1 Klasická fyzika, hmota se řídí mnoha zákony: gravitační síla, kauzalita, rychlost světla, směr času.*

*2 V kvantové fyzice elementární částice tyto zákony nedodržují.*

*Synchronicity se dějí ve správný čas.*

V Dopisu Hebrejcům, biblickém textu, který byl v minulosti připisován sv. Pavlovi, autor uvádí, že Kristus „... když přišla plnost času, přišel na svět, aby vymazal hřích tím, že se obětoval“ (Heb. 9, 26b)

V jednom ze svých rozhovorů známý italský biblický exegete, Gianfranco Ravasi, zdůraznil, že aniž by byly dotčeny všechny teologické důsledky, výraz „plnost času“ lze chápat také v jeho nejsprávnějším smyslu, tj. „Na pravý čas". Podle Ravasiho názoru byl okamžik, kdy se narodil Ježíš, naprosto vhodný pro šíření evangelia: Římská říše vybudovala silnice na všech svých územích, což značně usnadnilo pohyb lidí a s nimi i nové myšlenky.

Úkol, který Ježíš dal svým učedníkům „Jděte do celého světa a kážte evangelium každému stvoření“ (Mk 16,15), byla velmi usnadněna situací tehdejšího světa: rozsáhlých území prakticky v míru a snadno přístupných.

Víme, že archetypy, tj. „Myšlenky“ přítomné v kolektivním nevědomí lidstva, interagují a jsou posilovány svědomím a záměry člověka.

## Human evolution

| | | |
|---|---|---|
| From four million years to 10,000 years ago **1** |  | Stone Age in its various stages |
| From 10,000 to 200 years ago **2** | 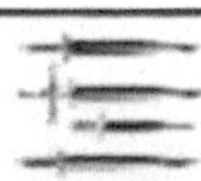 | Age of metals |
| From 1800 **3** |  | Industrial Revolution |
| From 1900 **4** |  | Computer revolution |
| Next evolutionary step **5** |  | Science that unifies matter and psyche |

*Obrázek 30. Trvalo nesmírně dlouho, než se spustila evoluční synchronicita, která by umožnila přechod z doby kamenné do doby kovové. V posledních stoletích nabraly synchronicity frenetický trend.*

*1 Doba kamenná trvá miliony let a končí jen před 10 000 lety.*

*2 Věk kovů trvá před 10 000 až 2 000 lety.*

*3 Průmyslová revoluce začíná v průběhu 19. století*

*4 Informační revoluce začíná ve 20. století*

*5 Další vývojový krok bude zahrnovat spolupráci mezi hmotnou a psychickou složkou vesmír.*

Stejně tak je rozumné se domnívat, že myšlenka nového náboženství je posílena, když si ho více mužů dává do svých tužeb a očekávání, tj. Do svých vlastních záměrů.

Křesťanství se šířilo rychleji, protože očekávání nových věřících se neustále zvyšovala a oni rezonovali s myšlenkou křesťanství přítomného v nelokálních.

Rostoucí počet věřících byl multiplikátor. Podle křesťanské víry se samozřejmě „nelokální“ dimenze shoduje s dílem Ducha svatého, který pomáhá a vede učedníky při jejich kázání.

Můžeme si představit další příklad „nejvhodnějšího času“, pokud vyhodnotíme časy lidské evoluce. Věky člověka lze rozdělit na dobu kamennou, měděnou, bronzovou a železnou.

Pokud uvedeme tyto věky tímto způsobem, nemáme představu o jejich trvání. Ve skutečnosti doba kamenná začíná před 3–4 miliony let a teprve před 10–12 000 lety došlo ke změnám vedoucím k době mědi: před 5 000 lety k době bronzové. Doba železná pochází před 3000 lety. (Viz obr. 30)

Doba kamenná trvala nesmírně déle než všechny následující věky. Proč člověk zůstal tak dlouho v raném věku, po více než tři miliony let, než udělal první evoluční krok v době mědi? To je otázka, na kterou moderní paleontologie nemůže odpovědět.

Vezměme si hypotézu: po celou tu dlouhou dobu muži nechtěli, neměli v úmyslu se vyvíjet, možná si ani tuto možnost nepředstavovali, protože ještě neměli svědomí dostatečně připravené k vyjádření záměrů.

Možná jich bylo také tak málo, že nebyli schopni vyvinout takové silové pole, aby vyvolali synchronicity schopné upřednostňovat evoluční vývoj.

V určitém okamžiku se zvýšenému počtu a některým příznivým okolnostem podařilo spustit silové pole dostatečné pro interakci s archetypem kulturního vývoje.

Od té chvíle byla evoluce velmi rychlá a rychle přecházela z doby měděné do doby bronzové a poté do doby železné.

Dnes žijeme ve věku křemíku, tj. Ve věku informací. Dnes máme komunikační nástroje pro rychlé šíření nových myšlenek, které jsou schopné generovat pole síly a očekávání s ohledem na nejpokročilejší hranice znalostí.

Pole síly, která dnes vznikají, se mohou šířit a měnit evoluční cestu lidstva za několik desetiletí, už ne za miliony let.

Doba, ve které žijeme, je rozhodně tím správným časem, aby se nové myšlenky související s pokrokem kvantové fyziky, jako je kvantové zapletení, chopily a narušily všechny staré víry o realitě vesmíru.

Ve skutečnosti kvantové zapletení předpovídá realitu, která již není tvořena samotnou hmotou, ale hmotou a psychikou. Zapletení přehodnocuje a činí aktuální všechny myšlenky a intuice, které lidstvo nikdy nemohlo vyzkoušet, i když je vždy považovalo za pravdivé.

Kvantové zapletení začíná přinášet skutečné a přesvědčivé důkazy. Po celém světě se vytváří síť „obránců“ této nové vědy, kteří jsou schopni generovat silové pole dostatečné k posílení stejné myšlenky každý den.

Kvantové zapletení se vyvinulo za pár let neuvěřitelnou řadou synchronicit.

*Setkání, které se konalo ve správný čas.*

Jednoho chladného odpoledne v lednu 1932 zaklepal pokorně vypadající muž na dveře kanceláře známého psychoterapeuta té doby.

Rozhodl se poslouchat rady svého otce, obávat se o své duševní zdraví, a vyhledat péči odborníka. Ten muž ve skutečnosti prožíval velmi těžkou chvíli svého života.

Narodil se ve Vídni na počátku 20. století. Brzy by mu bylo třicet, s výrazným pocitem, že ve svém životě udělal jen velmi málo. Upadl do vážného stavu psychické poruchy kvůli mnoha tragickým událostem, které ho postihly.

Je pozoruhodné, že o čtyři roky dříve jeho matka spáchala sebevraždu a následně se po manželství, které trvalo několik týdnů, rozvedla se svou ženou, kabaretní zpěvačkou.

To vše ho vedlo k tomu, že se stal alkoholikem, takže se často stávalo, že ho pozdě v noci vyhodili z různých míst, která navštěvoval, kde byl dobře známý, protože obtěžoval ostatní zákazníky.

Tento zvyk ho mimo jiné dráždil a také v pracovním prostředí. Tady nemohl být ve vztazích s ostatními srdečný.

Psychoterapeut ve svých poznámkách popisuje své setkání s tímto mužem takto:

*"Měl jsem pacienta, univerzitního profesora." Byl to velmi orientovaný intelektuál. Jeho bezvědomí začalo být ustarané a velmi aktivní. Promítl se do dalších mužů, kteří vypadali jako jeho nepřátelé. Cítil se strašně sám, protože všichni vypadali, že jsou proti němu. ".*

Psychoterapeut se jmenoval Carl Gustav Jung a pacient Wolfgang Pauli. (Viz obr. 31). Z tohoto setkání, brzy posíleného přátelstvím kvůli společným kulturním zájmům, se mezi nimi vyvinula intenzivní spolupráce.

Navzdory svým psychickým problémům byl Pauli brilantní vědeckou myslí natolik, že v roce 1945 obdržel Nobelovu cenu za objev zásadní pro rozvoj kvantové fyziky, známý princip zvaný „Pauliho vyloučení".

Setkání dvou se nestalo náhodou, ale byla to na tu dobu mimořádně přesná synchronicita a vedla celé lidstvo k současnému poznání reality vesmíruo.

Jung a Pauli spojili dvě teorie. První, teorii archetypů a kolektivního nevědomí, vyvinul Jung. Tato teorie podléhala Pauliho vědecké přesnosti a přísné metodice. Pauli také porovnal Jungovu teorii s principy kvantové fyziky. Velká část obsahu této knihy je založena na výsledcích jejich spolupráce.

Pauli připisuje sny mnoha pozitivním výsledkům svého studia. Tvrdil, že ve snech dostal spoustu užitečných inspirací.

*Obrázek 31. Wolfgang Pauli, 1945 Nobelova cena za fyziku.*

*Pauliho efekt.*

Pauli byl mezi svými společníky dobře známý velmi zvláštním rysem.

Říká se, že když Pauli vešel do výzkumné laboratoře, vždy se něco stalo. Například tam byly nástroje, které přestaly fungovat, předměty, které drtily, jiné, které spadly na zem nebo explodovaly.

Mnoho fyziků se rozhodlo, že ho do toho nijak nepustí a vymyslí ty nejnápaditější výmluvy. Učinili tak ale bez toho, aby mu to řekli, z úcty k němu.

Pouze jeho kolega Otto Stern otevřeně oznámil zákaz jako neodvolatelné rozhodnutí. Kolem Pauliho se určitě vytvořilo pole psychokinetických sil. Toto pole může ovlivnit pevnou hmotu.

O tomto Pauliho efektu svědčí mnoho jeho kolegů. Jeden z nich, J. Frank, mu napsal, že jedno z jeho zařízení v Göttingenu selhalo. Nemohl však vinit Pauliho, protože ten den Pauli chyběl.

Pauli odpověděl, že v době nehody cestoval a jeho vlak byl zastaven přímo ve stanici Göttingen.

Navzdory těmto folklorním úvahám byl Pauli spolu s Bohrem, Heisenbergem, Diracem a dalšími jedním z předních myslitelů kvantové mechaniky.

Pauli se rychle stal známým svými základními a původními příspěvky k teorii kvantového pole.

Jeho princip vyloučení (který mu vynesl Nobelovu cenu) byl základem teorií, které umožňovaly experimentovat s fenoménem kvantového zapletení.

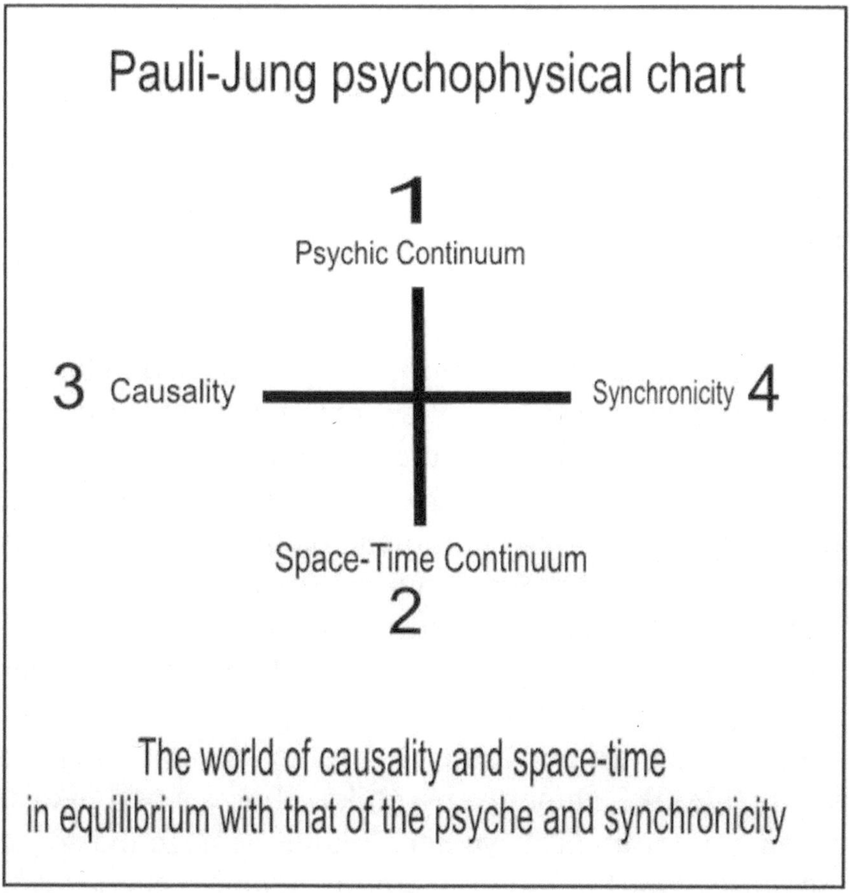


*Obrázek 32 Psychofyzikální diagram připravený Wolfgangem Paulim a Carlem Gustavem Jungem.*

*1-2 Dvě vertikální paže představují svět psychiky v rovnováze se světem hmoty.*

*3-4 Vlevo a napravo od grafu jsou v rovnováze „náhodnost“ a „synchronicita“..*

Albert Einstein mu vždy projevoval hluboké uznání. Když byl tvůrce teorie relativity přítomen při předávání Nobelovy ceny, nazval jej „duchovním synem“.

Dlouhá spolupráce vedla Junga a Pauliho k vývoji psychofyzikálního diagramu zobrazeného na obrázku 32.

*Psychofyzický mdiagram pro Pauliho a Junga.*

Vlevo a napravo od grafu jsou vyváženy náhodnost a synchronnost. Tímto způsobem chtějí označit spolupráci mezi newtonovskou fyzikou. a princip synchronnosti.

Podle kauzality je každá událost spojena s příčinou, která ji generovala. Synchronicita na druhou stranu vždy odkazuje na absolutně nesouvisející události.

Dvě svislá ramena představují svět psychiky, tj. Nelokální, který se vyrovnává s fyzickým, který je řízen rozměry prostoru a času.

Tento diagram potvrzuje, že realita se skládá nejen z hmoty, ale také z hmoty a psychiky. Hmota a psychika se navzájem potřebují. Psychická realita nemůže existovat, pokud se nemůže projevit v hmotné realitě a naopak..

*"Kvantové zapletení".*

Všechny nové objevy, zejména kvantové prolínání, mají tendenci dokumentovat existenci „substrátu“, který spojuje celou realitu, ve které žijeme.

Syntéza kvantového propletení je přesně tato: celý vesmír je propojen prostřednictvím dimenze, kde signály a informace cestují bez omezení prostoru a času.

Na úrovni elementárních částic to bylo jasně prokázáno. Závěr, který můžeme vyvodit, je, že protože celý vesmír je složen z elementárních částic, je celý vesmír propojen.

Při zkoumání reality z pohledu kvantové mechaniky vidíme, že mnoho jevů, které byly dříve považovány za nemožné, by ve skutečnosti mohlo existovat.

Mluvíme o telepatii, jasnovidnosti, telekinéze a všech těch jevech známých jako „zvědavé náhody". To jsou významné náhody, které psycholog Carl Gustav Jung společně s fyzikem a laureátem Nobelovy ceny Wolfgangem Paulim katalogizovali pod názvem „synchronicita".

Někdo bude skeptický a bude tvrdit, že vědecky bezchybná teorie, jako je kvantové zapletení, nemůže být „špinavá" spojením s psychickými jevy.

Je tomu tak ale a obě reality jsou naprosto kompatibilní.

Struktura reality interpretovaná kritérii kvantové fyziky a vlastnosti psychických jevů se mohou zdát vzdálené světelné roky. Místo toho sdílejí funkce se skutečně působivou podobností a kompatibilitou.

Zapletení je vlastnost kvantové teorie ověřená mnoha experimenty.

Albert Einstein tuto novinku nepřijal, protože věřil, že je to v rozporu s jeho teorií relativity. Einstein si proto představil experiment, který by demonstroval nekonzistenci kvantových teorií.

Tento známý experiment, známý jako EPR ze jména tří vědců, kteří jej navrhli (Einstein, Podolski, Rosen), byl myšlenkovým experimentem podléhajícím nepřesnostem. Jak se technika v 80. letech zlepšovala, experiment byl prakticky prováděn mnohokrát. Pokus pokaždé potvrdil teorii „kvantového zapletení". Einsteinovy pochybnosti se tedy ukázaly jako neslučitelné.

*Kde se rodí „kvantové zapletení". Elementární částice.*

Zapletení je jev, který se vyskytuje na úrovni elementárních částic. Prvním krokem k porozumění je objasnit, co je elementární částice.

Mluvíme o nejznámější kategorii částic, elektronů, které patří do kategorie leptonů. Jak je známo, elektrony jsou velmi malé částice se záporným elektrickým nábojem.

Elektrony obíhají kolem centrálního jádra atomu (složeného z protonů a neutronů). Toto jádro má kladný elektrický náboj, elektrony mají záporný elektrický náboj.

Pohyb elektronu generuje magnetické pole a je zodpovědný za elektrickou vodivost a teplo. Nejvíc nás ale zajímá to, že elektron, který reaguje na změny své energie a zrychlení, emituje fotony.

Foton je kvantum světla. Abychom vysvětlili pojem „kolik", pojďme si vzít příklad a představme si, že půjdeme do supermarketu koupit nějaký sýr.

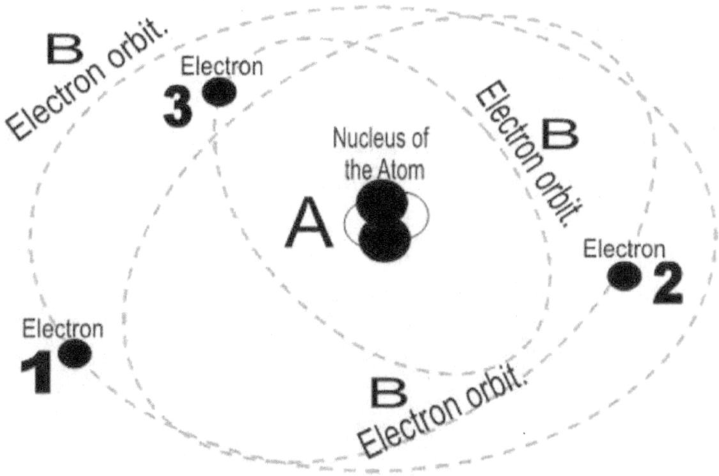


Exemghting an atom.
(nucleus, electrons, electron orbits).

The electron 1 (outermost) has an energy greater than 2 and 3, to remain in orbit around the nucleus.
Electron 2 has an energy greater than 3, but less than 1.
Electron 3 has less energy than 2 and 1

*Obrázek 33. Elektron má dostatek energie na to, aby se točil kolem jádra. Čím více je jeho oběžná dráha vnější, to znamená, že čím dále je od jádra, tím vyšší má energii.*

*Jádro atomu.*

*B Oběžné dráhy elektronů*

*1 Elektron, který rotuje na nejvzdálenější oběžné dráze, má větší energii než elektrony 2 a 3, které rotují na drahách blíže k jádru atomu.*

*2 Elektron 2 má energii vyšší než energii vlastněnou elektronem 3. Jeho energie je však nižší než energie, kterou vlastní elektron 1.*

Můžete požádat o 100 gramů, 200 nebo 300 gramů nebo dokonce 150 gramů. Obsluha odřízne některé plátky položením na váhu a potom řekne: „Je jich o 10 gramů více, nechám je?" Zaplatíte podle hmotnosti a šťastně opustíte obchod.

Pokud půjdete koupit fotony, tak to nefunguje. Foton má svou vlastní váhu, která se nenazývá „kilogram" nebo „hektogram", ale „kolik". Foton je „kvantum". Toto je jediné možné opatření. Neexistují žádné násobky ani dílčí násobky „kvanta"

Vraťme se k našemu elektronu. Řekli jsme, že reaguje na změny své energie emitováním fotonů. Naším cílem je tedy vyrobit fotony emitující elektrony, aby porozuměly zapletení. Prvním krokem je změna energie elektronu, podívejme se, jak to dokážeme.

Atom je obklopen mnoha elektrony, v závislosti na prvku, jehož je součástí.

Elektrony rotují na drahách uspořádaných kolem jádra. Jejich energetická úroveň závisí na těchto drahách. Ti, kteří jsou dále od jádra, mají více energie, ti, kteří jsou blíže k jádru, mají méně. (Viz obr. 33).

*Elektrony s malou disciplínou.*

Vždy tak často, z důvodů, které nikdo neví, se elektron rozhodne tuto harmonii narušit a změnit oběžnou dráhu. To znamená, že se rozhodne skočit z vnější na vnitřní oběžnou dráhu.

V tomto skoku je však atom silně omezen: nemůže volně provádět malý skok, ani poloviční skok, ani delší skok: musí skákat přesně „kvantově“, protože dráhy jsou uspořádány v kvantovém pořadí.

Pokud náš elektron skočí dovnitř, aby se přiblížil k jádru, na nové oběžné dráze již nepotřebuje energii, kterou dříve vlastnil, protože nejvnitřnější oběžné dráhy vyžadují méně energie.

Proto se elektron bude muset vzdát části své energie. Přesněji řečeno, elektron musí uvolňovat „kvantum“ energie.

Co se stane s „kolik“ energie, která byla ztracena? Stává se z ní částice, tj. „Foton“. Jak již bylo zmíněno, foton je přesně „kvantum“ světla.

Skutečnost, že elektron musí přeskočit přesně „kvantum“, určuje velmi podivný jev. Nikdy nenajdete elektron „se zdviženou nohou“ mezi jednou dráhou a druhou, tj. V mezilehlé poloze.

Elektron okamžitě změní oběžnou dráhu bez jakéhokoli přechodu. Při kvantovém skoku elektronu není ani prostor k překonání, ani čas nutný k jeho překonání. Nyní je elektron tady, ale nyní je již na jiném místě a nyní je zde nový foton. (Viz obr. 34).

Udělali jsme významný krok vpřed, ale potřebujeme další, velmi malý. Abychom mohli vyhodnotit, co je to zapletení, potřebujeme alespoň dva fotony, protože zapletení spočívá právě ve vztahu mezi dvěma částicemi nebo více než dvěma.

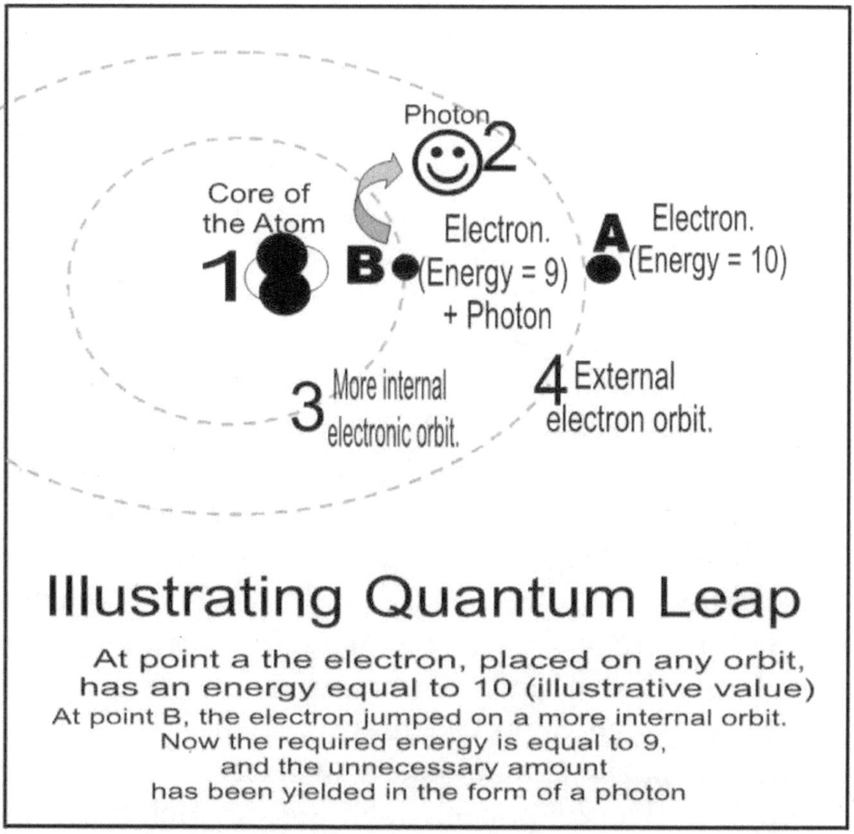


*Obrázek 34. Kvantový skok. Elektron, který vyskočí na oběžnou dráhu blíže k jádru, ztratí energii a uvolní ji ve formě fotonu.*

*1 - Jádro atomu.*

*A) - Elektron umístěný na oběžné dráze 4. Představme si, že jeho energie je rovna 10.*

*B) - Elektron A vyskočí na oběžnou dráhu 3, která je více vnitřní. Tímto způsobem uvolňuje „kvantum" energie. Uvolněná energie se přemění na foton.*

*Kvantové prolínání se rodí mezi dvěma „dvojitými“ fotony.*

„Kvantové zapletení“ vzniká mezi dvěma „dvojitými“ fotony, tj. Dvěma fotony narozenými ze stejné události. Mezi těmi, kteří věřili v existenci zvláštních vztahů mezi fotony emitovanými kvantovým skokem, a těmi, kteří byli naopak skeptičtí, vznikl velmi dlouhý disent. Mezi skeptiky byl také Einstein, který spolu se dvěma dalšími vědci (Podolski a Rosen) v roce 1935 vymyslel myšlenkový experiment, který demonstroval nemožnost teorií předpovězených kvantovou mechanikou. Einstein nazval chování částic na kvantové úrovni „příšernými akcemi na dálku“ a důrazně je popřel. Myšlenkový experiment je experiment, který se neprovádí v praxi, ale je pouze představitelný. Výsledky jsou proto teoretické a nelze je ověřit. Myšlenkové experimenty se používají, když technické prostředky k jejich provádění v praxi neexistují nebo nejsou k dispozici ekonomické prostředky. Téměř o třicet let později John Stewart Bell v článku nazvaném „O paradoxu Einstein-Podolsky-Rosen“ podpořil Einsteinovy myšlenky. Bell poukázal na to, že nelokální charakter kvantové mechaniky je neslučitelný s fyzickou realitou. Došel k závěru, že pokud se to zdálo, bylo to proto, že studie byly neúplné. Bell tvrdil, že jistě chybí výpočetní prvky, protože je nemožné, aby zapletení mělo vlastnosti, které mu byly přisuzovány.

Bellův článek však ponechal otevřenou možnost ověření, protože navrhl nový experiment, zjednodušenou verzi experimentu EPR, který by mohl být proveden měřením polarizace fotonů.

Možná to Bell nečekal, ale někdo ho vzal za slovo a navrhované experimenty byly provedeny. Od 80. let se jich mnoho uskutečnilo.

Všechny tyto experimenty poskytují důkazy o tom, že na kvantové úrovni již není lokalismus klasické fyziky platný a převezmou ho nelokální vlastnosti. Předpovědi týkající se charakteristik zapletení byly potvrzeny v laboratoři.

*Experiment Alain Aspect.*

Alain Aspect se jako první chopil Bellovy výzvy a provedl experiment, který potvrdil „nelokálnost“ „zapletených“ částic.

Věci nevyšly, jak si mysleli Einstein a Bell. V roce 1982 zveřejnil Aspect své výsledky, které definitivně stanovily, jak je kvantová realita řízena nelokalitou.

Aspektův experiment spočíval ve stimulaci atomu tak, aby emitoval dva fotony namířené různými směry. Jako zdroj fotonů použil paprsek atomů vápníku. Atomy byly excitovány laserem, který přinutil elektron z každého atomu skočit o dvě oběžné dráhy dovnitř.

Když elektron snížil potřebnou energii, když se přiblížil k jádru o dvě úrovně, vyzařoval pár fotonů, tj. Dvě kvanty světla.

Tyto fotony zrozené ze stejného kvantového skoku, tj. Ze stejného elektronu, se nazývají „korelované fotony“. Můžeme je považovat za dvě dvojčata narozená společně ze stejné matky.

Tyto dva dvojčata se chovají podle charakteristik nelokality, o kterých jsme hovořili v předchozích kapitolách, a potvrzují nelokalitu kvantové úrovně.

Nelokalita znamená, že na této úrovni již neexistuje ani čas, ani prostor: energie a informace necestují předem určenou rychlostí, nanejvýš rychlostí světla.

Ve skutečnosti vůbec necestují: jsou tu i tam současně. Žijí také ve věčném „nyní“, protože na nelokální úrovni neexistuje žádný před a po. Pokud chceme být přesní, neexistuje ani „nyní“.

Tyto úžasné vlastnosti objasňují, proč takzvaná teorie „kvantového zapletení“ musela čelit tolika obtížím, aby se prosadila.

Dnes, asi o třicet let později, se experiment Alaina Aspecta opakoval nespočetnými způsoby a příležitostmi. Přišlo k vytvoření „zapletení“ nejen mezi dvěma, třemi nebo více částicemi, ale nedávno mezi miliony částic.

*Princip kvantového zapletení.*

Pokud pozorujeme dva fotony vytvořené společně, všimneme si, že mezi nimi udržují tajemné pouto, jako by to byla dvě lidská dvojčata. Ale ne jako dvě lidská dvojčata: mnohem víc.

Podle pravidel fyziky může mít každý foton hodnotu zvanou „spin“. Na matematické úrovni se hodnota rotace dvou fotonů rovná „jedné polovině“ a může být kladná (+1/2) nebo záporná (-1/2).

Jedná se o opačné hodnoty. Abychom si navzájem lépe porozuměli, uvedeme příklady představou, že dva fotony se nazývají Peter a Antoinette, tj. Jeden mužského pohlaví a druhý ženský.

Jakmile jsou generovány, oba fotony odcházejí ve dvou opačných směrech, každý samostatně. Prozatím je jedinou vazbou, kterou připisujeme dvěma fotonům, to, že se narodily ze stejného otce (nebo matky, pokud chcete) elektronu. Říká se tedy, že jsou „příbuzní“.

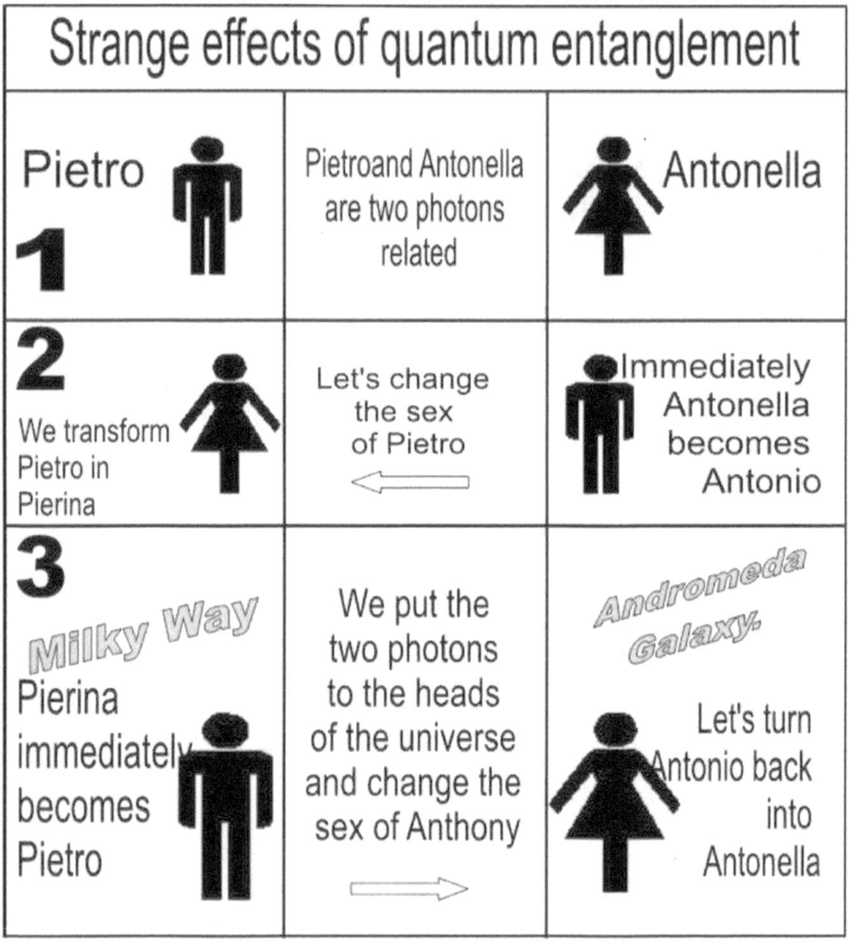
Strange effects of quantum entanglement
Pietro
1
Pietroand Antonella are two photons related
Antonella
2
We transform Pietro in Pierina
Let's change the sex of Pietro
Immediately Antonella becomes Antonio
3
Milky Way
Pierina immediately becomes Pietro
We put the two photons to the heads of the universe and change the sex of Anthony
Andromeda Galaxy.
Let's turn Antonio back into Antonella

*Obrázek 35. Dva příbuzné fotony, i když jsou odděleny obrovskými vzdálenostmi, se nadále chovají, jako by byly jedno. Potvrzuje to nelokalitu reality zvanou „zapletená", která nepodléhá pravidlům času a prostoru.*

*1 Pietro a Antonella jsou dva příbuzné fotony*

*2 Pojďme změnit pohlaví Pietra, který se stal Pierinou. Antonella okamžitě změní pohlaví a stane se Antoniem.*

*3 Umístili jsme dva fotony na vzdálené konce vesmíru a změnili Antoniové pohlaví. Antonio se stává Antonella. Zároveň na druhém konci vesmíru Pierina změní pohlaví a stane se Pietrem.*

Co se stane, když přimíme Pietra změnit sex tak, aby se stal Pierinou?

Antonietta také okamžitě změní pohlaví a stane se Antoniem!

Možná si myslíte: Elementární, Antonietta měla velmi blízko k Pietrovi, takže si toho všimla a v reakci na šok změnila také pohlaví.

Ale pokud zopakujeme experiment, který tu drží Pierinu a přesune Antonia na druhou stranu světa, stane se totéž.

Pak by mohl pozorovatel namítnout:

- Pokud však byl Antonio na druhé straně světa, všimne si změny až po určité době.

Splést se. Antonio mění pohlaví současně s Pierinou. Neexistuje žádné zpoždění. Nezáleží na tom, v jaké vzdálenosti vesmíru se oba nacházejí. (Viz obr. 35).

*Promiskuitní zvyky zapletených fotonů.*

Představme si nyní, že Pietro musí jet na služební cestu. Antoniettu nechá doma sám. Na své cestě potká Luiginu, která je součástí jiného páru. Ve skutečnosti je Luigina „zapletená“ s Marcem.

Ve stejné chvíli je Marco také velmi daleko od Luiginy. (Viz obr. 36). Bude to soucit, bude to vzdálenost, Pietro a Luigina se navzájem „zapletou“.

Myslíte si, že Antonella a Marco budou trpět zradou a budou se hněvat žárlivostí? Vůbec ne. Antonella se okamžitě „zapletla“ s Marcem, přestože ho nikdy v životě neviděla.

Takže pokud změníme pohlaví Antonelly tím, že se z ní stane Antonio, stane se Marco také Marcellou, Pietro Pierinou a Luiginou Luigi.

Složitý? Pravděpodobně ano, ale tak to funguje mezi částicemi.

Naštěstí říkáte, že k tomu dochází pouze mezi dvěma souvisejícími částicemi. Samozřejmě, ale ve skutečnosti jsou všechny částice vesmíru příbuzné, protože všechny pocházely ze stejného velkého třesku.

To je důvod, proč v nelokálním vesmíru je vše jedno, nic není nezávislé. Všichni jsme spojeni s celým vesmírem. Na nelokální úrovni neexistují žádné znalostní bariéry ani časové bariéry. V nelokálním prostředí jsou všechny znalosti vesmíru k dispozici současně.

Jsme ponořeni do tohoto univerzálního poznání a jsme jeho součástí. Není neobvyklé, že drobky těchto znalostí proklouzly z nelokálních do naší vědomé mysli.

Mnozí si kladou otázku: způsobují všechny tyto částice, které „mění pohlaví“, nějakou reakci ve vesmíru? Rozhodně ne.

To, co jsme v příkladu navrhli jako změnu pohlaví, je ve skutečnosti změna otáčení, tj. Inverze směru otáčení.

V jakémkoli směru se částice otáčejí, nevyvolávají žádné znatelné účinky na fungování vesmíru, pokud se stále otáčejí.

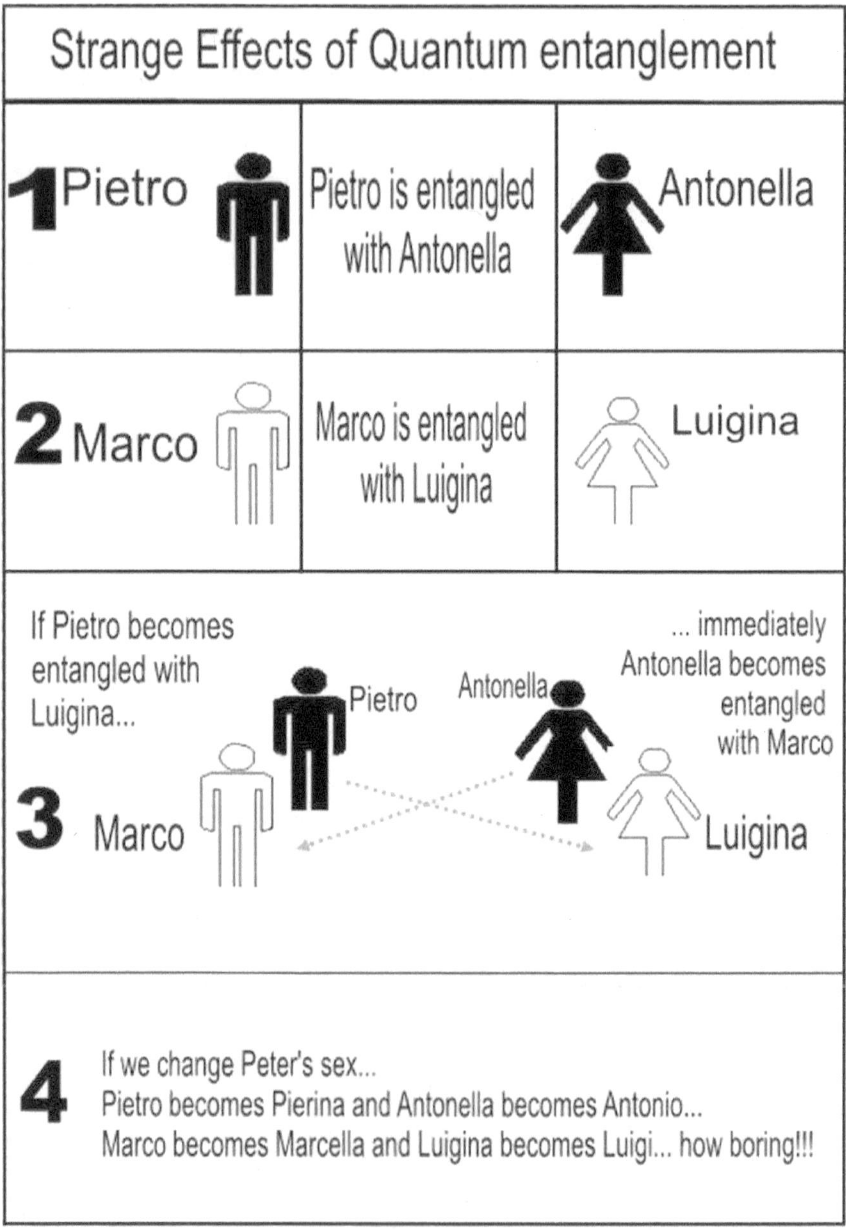
Strange Effects of Quantum entanglement
1 Pietro
Pietro is entangled with Antonella
Antonella
2 Marco
Marco is entangled with Luigina
Luigina
If Pietro becomes entangled with Luigina...
Pietro
Antonella
... immediately Antonella becomes entangled with Marco
3 Marco
Luigina
4
If we change Peter's sex...
Pietro becomes Pierina and Antonella becomes Antonio...
Marco becomes Marcella and Luigina becomes Luigi... how boring!!!

*Obrázek 36. Podivné účinky zapletení. Zapletení mezi více než dvěma souvisejícími fotony.*

*1 Pietro je zapletený s Antonellou*

*2 Marco je zapletený s Luiginou.*

*3 Pokud se Peter zaplete s Luiginou, Marco se okamžitě zaplete s Antonellou.*

*4 Pokud změníme Pietrovo pohlaví ... Pietro se stane Pierinou, Anronella se stane Antoniem, Marco se stane Marcellou. Luigina se stává Luigi.*

*Vše jasné?*

Vytvořili jsme několik konvencí. V důsledku toho se věci musí v určitém smyslu obrátit, jen proto, že jsme zvyklí, že je vidíme takto se otáčet. Představte si kuchaře, který otočí majonézu zprava doleva, nebo jiného kuchaře, který ji otočí zleva doprava. Myslíte si, že se na konečném výsledku něco změní?
Pokud najednou vláda rozhodne, že hodinové ručičky se musí otáčet proti směru hodinových ručiček, postupuje čas jinak?

*Důsledky „kvantového zapletení“.*

Zapletení je tady, ale podívejme se, jaké to má důsledky. První je, že nejdůležitější víry tradiční fyziky jsou demontovány.

1 - „! Kvantové zapletení“ ničí determinismus

„! Kvantové zapletení“ ničí determinismus, tedy mechanické fungování vesmíru.
Kauzalita, která je základní vlastností klasické fyziky, uvádí, že informace, aby mohly cestovat mezi dvěma těly, musí být přenášeny fyzickým médiem.
Navíc rychlost zprávy nikdy nepřekročí rychlost světla, která je 300 000 kilometrů za sekundu. Ale v zapletení nejsou žádné dráty, které by spojovaly Pietra a Antonellu. Kromě toho k nim dochází ve stejném okamžiku, to znamená, že informace cestují mnohem rychleji než světlo.

2 - Kvantové zapletení demontuje šipku času

Mezi akcí a její reakcí musí uplynout zlomek času, dokonce i minimální, protože nejdříve nastanou fakta a poté dojde k následkům. Ale odpovědi Antonelly na Pietra (nebo naopak) netrvají dlouho, dějí se ve stejném okamžiku.

3 - V lokalitě není prostor a čas

Elementární částice žijí v dimenzi, ve které čas a prostor neexistují: jsou navzájem zapleteny mimo prostor a čas.

Jak je tohle možné? Jak si Antonella a Pietro uvědomují změnu druhé částice, odkud pochází a jak se tyto znalosti formují?

Jedna z odpovědí předpovídá, že tyto dvě části jsou od sebe odděleny jen zdánlivě, ale zůstávají jednou, jako v elektronu, který je generoval.

Nebo navzdory tomu, že jsou odděleni, jsou spojeni jedinou velkou univerzální myslí, takže mohou komunikovat, jako by byli stále sjednoceni v elektronu, ze kterého se narodili. Nemají dvě oddělené „mysli", ale jsou součástí stejné „mysli". Nelokální úroveň je velká, jediná mysl vesmíru.

| The three levels of reality or cosmology of reality. | | |
|---|---|---|
| **1** | **2** | **3** |
| Physical level or physical cosmos. | Quantum level or quantistic cosmos. | Non-local level or psychic cosmos |
|  |  |  |
| Level of things subject to the rules of time and space. | Middle Earth.<br><br>Things subject to non-locality rules. | Level of pure psyche not subject to the rules of time and space. |

*Obrázek 37. Tři úrovně reality. S odkazem na experimentální výsledky o zapletení můžeme s jistotou potvrdit existenci tří úrovní reality. Z těchto úrovní jsme ještě před několika desítkami let věděli pouze první.*

*1 Fyzická úroveň neboli „vesmír vytvořený z hmoty“.*

*Tato úroveň musí dodržovat zákony newtonovské fyziky.*

*2 Kvantová hladina subatomárních částic. (Střední svět). Elementární částice hmoty se neřídí zákony newtonovské fyziky.*

*3 Úroveň „nelokality“. Tato úroveň je čistě psychická a neřídí se žádným zákonem hmoty.*

# Šestá část. Mimosmyslové vnímání.

*“Science cannot solve the ultimate mystery*
*of nature. And that is because, in the last analysis,*
*we ourselves are a part of the mystery*
*that we are trying to solve.”*
*(Max Planck, initiator of quantum physics)*

*"Věda nemůže vyřešit nejhlubší tajemství přírody."*
*A to proto, že nakonec my sami jsme součástí tajemství*
*které se snažíme vyřešit. “*
*(Max Planck, iniciátor kvantové fyziky)*

Když už mluvíme o mimosmyslových vnímání, můžeme si položit hlavně tři otázky:

- Opravdu existují?
- Jak k nim dochází?
- Co přesně jsou?

Pokud vezmeme v úvahu vše, co jsme doposud řekli, k prvním dvěma otázkám už toho moc nezbývá. Je zřejmé, že mimosmyslové vnímání skutečně existuje. Vyskytují se jako epizody komunikace mezi jednotlivými svědomím a nelokální úrovní.

*Šestý a sedmý smysl.*

Od Aristotela nám vždy říkali, že lidské tělo má pět smyslů: zrak, sluch, hmat, chuť, čich. Jedná se o smysly, které nám umožňují fyzicky se spojit s okolním světem a získat užitečné informace pro přežití.

V populární moudrosti existuje také „šestý smysl". To nevyužívá fyzické prostředníky (ruce, jazyk, oči atd.) K provádění své práce, ale dělá to stejně dobře. Jde o intuici.

Intuice je to bohatství znalostí, které jsme nashromáždili v našich životních zkušenostech, a dokáže nám poměrně často navrhovat, čemu můžeme věřit a čemu ne. umožňuje rozhodnout, co by se mělo udělat a co ne. Nakonec nám pomáhá pochopit, jak co nejméně riskovat tváří v tvář nejistým situacím.

*Obrázek 38. Carl Gustav Jung formuloval teorii archetypů a kolektivního nevědomí.*

Čím větší jsou naše zkušenosti, tím více intuice funguje. Proto intuice, pokud ji lze na jedné straně považovat za mimosmyslovou, protože není zprostředkována žádným fyzickým orgánem, na druhé straně ze dvou dobrých důvodů.

První je, že k našim znalostem nepřidává neznámé a externí znalosti. Jednoduše řečeno, přepracovává informace, které již máme. Druhým důvodem je, že intuici zprostředkovává náš mozek, který má svou vlastní fyzickou konzistenci

Proto šestý smysl racionálně funguje na známých datech.

Místo toho v našem vědomí funguje „sedmý smysl". Tento smysl zpracovává zcela iracionálním a nepředvídatelným způsobem informace, které se našeho mozku často nikdy nedotkly. To znamená, že sedmý smysl nás seznamuje s realitami zcela cizími našemu každodennímu životu a naší zkušenosti.

*Kosmos.*

Termín „vesmír" ve filozofii znamená uspořádaný nebo harmonický systém. Původ slova je řecký kósmos, což znamená řád. Ve vědeckém jazyce je vesmír považován za synonymum vesmíru.

Kosmologie studuje hmotnou strukturu a zákony řídící vesmír, koncipované jako uspořádaný celek. Ve filozofické oblasti se zajímá o vesmír ve vztahu k prostoru, času a hmotě.

Kosmologie má svůj historický původ v náboženských příbězích zabývajících se původem všech věcí a ve velkých předmoderních filozoficko-vědeckých systémech, jako je systém Ptolemaiovců.

Na druhou stranu moderní astronomická kosmologie je věda, která studuje vesmír jako celek, jeho původ a vývoj. V tomto smyslu je úzce spjat s filozofickou kosmologií, ale má tendenci korigovat mnoho metafyzických nebo náboženských teorií o počátcích světa.

Kosmologie je v současné době fyzikální věda, ve které se sbíhají různé disciplíny, jako je astronomie, astrofyzika, fyzika částic a obecná teorie relativity.

V této knize hovoříme o vesmíru tím, že v tomto termínu spojíme soubor všech realit:

- viditelný vesmír (fyzický vesmír)
- hladina elementárních částic (kvantový kosmos)
- úroveň nelokality (psychický vesmír).

*Definice mimosmyslového vnímání.*

Termín sedmý smysl může dobře definovat některé vlastnosti známé více vědecky jako mimosmyslové vnímání nebo ESP (zkratka pro Extra smyslové vnímání). Tyto jsou:

Pokročilé znalosti nebo schopnost předpovídat budoucnost.

Jasnovidectví nebo schopnost vizuálně vnímat věci, které obvykle nejsou viditelné.

Telepatie nebo schopnost komunikovat s myšlenkami.

Studijní obor mimosmyslového vnímání se běžně nazývá parapsychologie.

Tyto schopnosti jsou často považovány za „informace, které proudí zvenčí do nitra mysli".

Další druh ESP, telekineze, je považován za „informace, které proudí ven z mysli".

Telekineze ve skutečnosti spočívá ve schopnosti ovlivňovat hmotu silou mysli a je vyjádřena fyzickými jevy, od levitace přes bilokaci až po ohýbání kovových předmětů, teleportaci, cestování v čase.

Pokud jde o předvídání, jasnovidectví a telepatii, bylo provedeno mnoho studií, zejména v 19. a 20. století, aby se ověřila jejich shoda s realitou. Nejoblíbenější metodou experimentálního ověřování byl takzvaný ganzfeldský experiment.

*Ganzfeldův experiment.*

„Ganzfeld" je německý výraz, který znamená „jednotné pole". Tento termín vytvořil v roce 1930 německý lékařský psycholog Wolfgang Metzer a jeden ze zakladatelů berlínské Gestaltské školy. Označuje percepční pole konstruované experimentálními metodami k vytvoření optimálních podmínek pro studium mimosmyslových vnímání.

V jednom experimentu s ganzfeldem měl testovaný subjekt přes uši sluchátka, v každém oku polovinu pingpongové koule. Ze sluchátek vychází bílý šum. Před obličejem je umístěno intenzivní červené světlo, které filtruje pingpongové míčky. Tímto způsobem chceme zajistit izolaci od jakéhokoli vnějšího rozptýlení.

Po určité době strávené v tomto stavu je proveden pokus o přenos snímků na subjekt mimosmyslovým kanálem, například prostřednictvím telepatie.

Zatímco osoba umístěná na jiném místě se zaměřuje na přenášený obraz, přijímající osoba popisuje, co vidí ve své mysli.

Na konci pokusu o přenos režisér ukáže subjektu čtyři obrazy a požádá ho, aby označil ten, který je nejblíže přijatému obrazu. (Viz obr. 39).

V těchto případech by statistická úspěšnost byla 25% (každý čtvrtý). Pokud tedy příjemce odhadne obrázek ve 25% případů, výsledek se rovná statistickému průměru a experiment selhal.

O těchto experimentech CICAP (Italský výbor pro kontrolu nároků na pseudovědy) píše na svých webových stránkách:

> "In the first ganzfeld experiments the success rate was 33-34%. We then found ourselves faced with a statistical anomaly which, according to some, proves the existence of non-normal channels of information communication"

"V prvních experimentech s ganzfeldem byla úspěšnost 33-34%." Byli jsme tedy konfrontováni se statistickou anomálií, která podle některých dokazuje existenci „normálních“ kanálů informační komunikace.

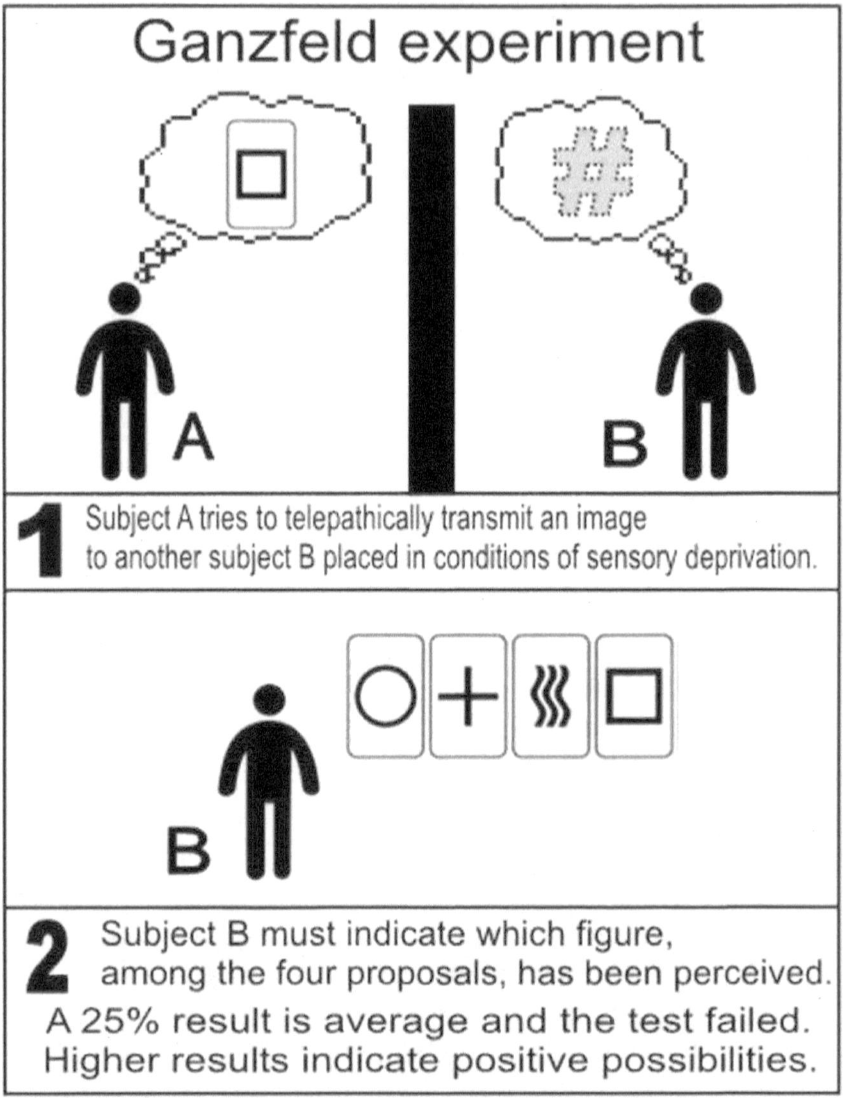
Ganzfeld experiment
A
B
1 Subject A tries to telepathically transmit an image
to another subject B placed in conditions of sensory deprivation.
B
2 Subject B must indicate which figure,
among the four proposals, has been perceived.
A 25% result is average and the test failed.
Higher results indicate positive possibilities.

*Obrázek 39. Vývojový diagram typického ganzfeldského experimentu.*

*1 - Dobrovolník A se pokusí telepaticky předat obrázek dobrovolníkovi B. Oba dobrovolníci jsou umístěni v různých místnostech. K dispozici jsou čtyři obrázky.*

*2 - Dobrovolník B musí uvést, kterou postavu vnímal. Průměrný výsledek by měl být 25%. Test je úspěšný, pouze pokud je výsledek větší než 25%.*

“.

V roce 1994 Bern a Honorton publikovali článek s názvem „Existuje mimosmyslové vnímání? Opakovatelný test abnormálního procesu přenosu informací ".

Tyto závěry byly později široce kritizovány jinými učenci.

Ve všech experimentech týkajících se psychického pole je totiž vždy problém opakovatelnosti. To závisí na skutečnosti, že emocionalita hraje svou roli rozhodujícím způsobem, jak jsme již viděli v kapitole 9.

Jakýkoli kontakt s nemístným je zvýhodněn konkrétními stresovými podmínkami nebo kritickými okamžiky v životě. Víme, že fenomény telepatie jsou absolutně častější mezi lidmi spojenými pevnými pouty přátelství nebo příbuzenství, dosahující vrcholu mezi matkami a dětmi.

Místo toho jsou v experimentech často neznámí lidé požádáni, aby „chladně“ sdíleli obrázky, které normálně postrádají emocionální význam.

Další problém pochází ze zvyku a závislosti. Lidé, kteří neustále opakují stejný experiment, se cítí stále méně zapojeni. To znamená, že lidé nakonec podlehnou nudě.

*Telepatie.*

Telepatie, nazývaná také přenos myšlenek, je schopnost komunikovat s myslí, bez použití jiných nástrojů nebo zařízení, které vytvářejí fyzické spojení mezi zúčastněnými lidmi. Termín pochází ze dvou řeckých slov. První je „tele“, což znamená vzdálený. Druhým je „patheia“, což znamená cítění, vnímání.

Telepatie je v podstatě o tom, že se dva fyzicky oddělení lidé mohou navzájem kontaktovat. To se děje bez ohledu na vzdálenost nebo okolnosti.

Tato schopnost sdílet emoce a pocity na dálku je silně zpochybňována materialistickou vědou. Ve skutečnosti je telepatie v rozporu s předpokladem, že nic neexistuje mimo mozek: myšlenky, emoce, touhy a vše psychické se rodí uvnitř lebky a umírá na stejném místě.

Podle materialistické vědy neexistují žádné „myšlenky“, které by mohly přecházet z jednoho mozku do druhého. Jakákoli zkušenost s telepatií je považována v tom nejbenevolentnějším případě za iluzi. Často, pokud je člověk svědkem epizod telepatie, je považován za oběť schizoidních poruch osobnosti.

Navzdory tomu mnoho lidí tvrdí, že měli telepatické zážitky. V různých průzkumech provedených v USA nebo Spojeném království 40 až 60 % respondentů uvedlo, že mají osobní telepatické zážitky.

Zdá se, že existují dva typy telepatie. První typ je ten, který se vyskytuje mezi fyzicky blízkými lidmi, kteří se navzájem znají a již spolu komunikují. Je to klasický případ, kdy jeden říká druhému „Čteš mi mysl", což znamená, že její záměr byl dokonale pochopen a rozluštěn.

Druhý případ se týká dvou fyzicky vzdálených osob. Nastává, když jeden slyší „volání" druhého. Toto volání může být myšlenka, která je svazuje, nebo její obraz. Někdy k hovoru dochází tak, že slyšíte hlas volajícího. To se většinou děje mezi lidmi, kteří mají úzké vazby, zvláště když se projevují podmínky nouze nebo nebezpečí.

*Experimenty Josepha Rhina.*

Klasické experimenty v telepatii se provádějí prostřednictvím kreseb. Osoba umístěná v izolované místnosti si vybere předmět a udělá si jeho náčrt. Poté se soustředí na předání vyrobené figurky přijímající osobě umístěné v jiné místnosti.

Tato druhá osoba se snaží přijmout a replikovat postavu, která jí byla přenesena. Na konci jsou obrázky porovnány, aby se identifikovaly všechny společné aspekty.

První studie o telepatii byly provedeny Britskou společností pro psychický výzkum koncem 19. století.

V roce 1930 byla na Duke University v Durhamu v USA vytvořena první parapsychologická laboratoř, ve které experimenty se Zenerovými kartami prováděl známý Joseph Rhine.

Rhine jako první použil experimentální a statistické metody při hledání existence přenosu z mysli do mysli neboli telepatie, kterou nazval mimosmyslové vnímání. Rozhodně je jedním z průkopníků parapsychologie.

Zenerovy karty jsou speciálním typem karet navrženým Karlem Zenerem, psychologem, aby je používal Joseph Rhine při svých experimentech.

Balíček se skládá z 25 obdélníkových karet jako běžné hrací karty. Jsou rozděleny do pěti skupin nesoucích znamení: Kruh, Kříž, Čtverec, Hvězda a Vlna. Balíček obsahuje 5 stejných skupin. (Viz obr. 40).

Experiment Josepha Rhina byl založen na dvou lidech. Jedna požádala druhou, aby uhádla kartu, kterou tahala z balíčku. Při prekogničních experimentech ani jeden z nich neznal kartu, která zůstala otočená zády

Místo toho v experimentech s telepatií první ze subjektů viděl, o jakou kartu se jedná, a pokusil se ji mentálně předat druhé osobě.

Přirozeně byli oba lidé umístěni v různých místnostech.

Podle statistické hypotézy a podle zákona velkých čísel musí být šance na uhodnutí karty v balíčku kolem 20 % (1 ku 5).

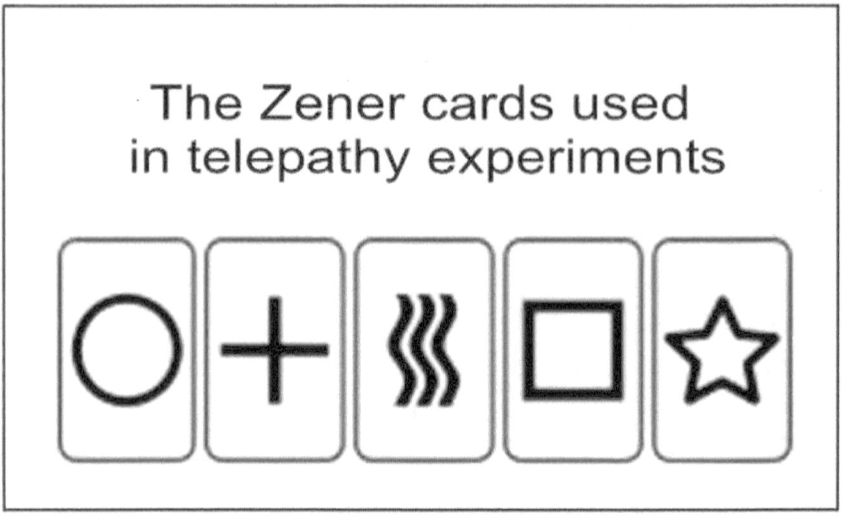


*Obrázek 40. Zenerovy karty, používané v mnoha experimentech v parapsychologické oblasti. Jedná se o sérii pěti symbolů opakovaných pětkrát, celkem tedy 25 karet.*

Joseph Rhine však dosáhl výrazně větších odchylek, než je toto procento. Výsledky jeho výzkumu byly publikovány v roce 1940 v knize známé jako ESP-60, která byla přijata jako učebnice Harwardské univerzity pro kurzy psychologie.

*Experimenty Uptona Sinclaira.*

Upton Beall Sinclair se narodil v Baltimoru v roce 1878. Žil uprostřed neustálých ekonomických potíží a od mládí byl tlačen k socialistickým ideálům. Značného úspěchu dosáhl svým románem „Džungle" o skandální situaci dělníků na chicagských trzích s dobytkem.

Kniha byla komentována Jackem Londonem „příběh chaty strýčka Toma se opakuje". Byla recenzována Churchillem a obdržela slova vřelého obdivu od Bernarda Shawa.

V roce 1930 prováděl spolu se svou druhou manželkou Mary Craig Sinclairovou parapsychologické experimenty týkající se duplikace obrazů prostřednictvím telepatické komunikace.

Ve své knize Mentální rádio (viz obr. 41) popisuje provedené experimenty. Jeho kniha měla velký úspěch. Německé vydání obsahovalo předmluvu Alberta Einsteina, která zněla takto:

*Obrázek 41. Upton Sinclair a obálka jeho knihy Mental Radio vydané v roce 1930 s předmluvou Alberta Einsteina..*

"I have read the book of Upton Sinclair with great interest and am convinced that the same deserves the most earnest consideration, not only of the laity, but also of the psychologists by profession. The results of the telepathic experiments carefully and plainly set forth in this book stand surely far beyond those which a nature investigator holds to be thinkable. On the other hand, it is out of the question in the case of so conscientious an observer and writer as Upton Sinclair that he is carrying on a conscious deception of the reading world; his good faith and dependability are not to be doubted. So, if somehow the facts here set forth rest not upon telepathy, but upon some unconscious hypnotic influence from person to person, this also would be of high psychological interest. In no case should the psychologically interested circles pass over this book heedlessly".

*„Knihu Uptona Sinclaira jsem přečetl s velkým zájmem a jsem přesvědčen, že si zaslouží nejvyšší pozornost nejen laiků, ale i profesionálních psychologů.*
*Výsledky telepatických experimentů, pečlivě a jasně vysvětlené v této knize, rozhodně přesahují to, co by vědec mohl považovat za myslitelné. Na druhou stranu neexistuje žádná možnost, že by seriózní spisovatel jako Sinclair úmyslně dopouštěl klamu ve svém výkladu světa.*
*O jeho dobré víře a spolehlivosti nelze pochybovat. Pokud tedy fakta, která vykládá, nejsou založena na telepatii, ale na nějakém hypnotickém vlivu, který člověk od člověka neví, by to stále bylo velmi psychologicky zajímavé. Kruhy zajímající se o psychologii by tento text rozhodně neměly ignorovat".*

Queste poche parole di Einstein sono un chiarissimo Těchto pár slov od Einsteina je velmi jasným příkladem toho, co může odlišit vědce s jasnou myslí od masy průměrných myslí. Einstein byl vždy oživován hlubokou zvědavostí a touhou po vědění. Nic a priori nevylučoval, ale každopádně se nevzdával vyšetřování, experimentování.

To ho vedlo k rozvoji teorií, jako je teorií relativity, které si nikdo nepředstavoval a ve které by nikdo nevěřil kromě někoho jako on, mysli oproštěné od předsudků.

Se stejným kritériem Einstein a priori neodmítl implikace kvantové fyziky. Vymyslel experiment EPR, aby si ověřil, jak skutečná je i mimo jeho pochybnosti.

*Obrázek 42. René Warcollier, francouzský inženýr a parapsycholog, a obálka jeho úspěšné knihy „Mind to Mind“ o jeho telepatických experimentech, vydané v roce 1948, ale dodnes přetištěné.*

*Experimenty René Warcolliera.*

Warcollier se narodil 8. dubna 1881 v Omonville-la-Rouge v Paříži. Získal titul v oboru chemického inženýrství v roce 1903 z Ecole Nationale Supérieure de Chimie. Nechal si patentovat různé postupy související se syntetickou výrobou drahých kamenů a vytvořil speciální plátna pro kinoprojekci. Aktivně se zajímal o parapsychologii, a to natolik, že byl prezidentem Institut Métapsychique International.

Jeho hlavní studie telepatie zahrnovaly jeden nebo více „vysílačů" pozorujících obraz, zatímco jeden nebo více „přijímačů" se jej pokoušely reprodukovat.

Velká část jeho práce po roce 1922 zahrnovala mnoho odesílatelů a přijímačů rozmístěných po území Francie; používal také odesílatele a přijímače umístěné v různých zemích, jako je Francie a Spojené státy americké nebo Francie a Velká Británie.

Jeho experimentální metoda byla oproti předchozím o krok výš, protože používala kresby skutečných objektů. Warcollier tedy zavrhl statistickou metodu a pokusil se získat přímý důkaz pro telepatii.

Tvrdil, že podle jeho experimentů muži přenášejí myšlenky lépe než ženy, zatímco ženy jsou lepšími přijímači. Uvedl také, že mladší lidé jsou citlivější na duševní dojmy než starší lidé.

Jeho experimenty se zaměřovaly na to, jak byly původní obrazy vnímány jako zkreslené nebo deformované příjemci. Warcollier si uvědomil, že nebyly přenášeny jako celé fotografie, ale různé součásti postavy byly roztříštěné a zakódované.

To je potvrzeno v moderní neurovědě při způsobu, jakým mozek vnímá a rekonstruuje vizuální obrazy. Podle Warcolliera se telepatické obrazy vynořují z nevědomí do vědomí a zde jsou zpracovávány jako obrazy snů.

Došel proto k závěru, že telepaticky přenášené obrazy jsou zkreslené a méně jasné než ty, které běžně vnímáme očima.

Warcollier popsal své experimenty v mnoha publikacích, především v 56 článcích Revue Métapsychique. Byly také publikovány v jeho četných knihách, včetně „La Télepathie“ (1921) a „La Métapsychique“ (1940, 1946) a zejména „Mind to Mind“, vydané v roce 1948. Tato kniha je dodnes přetištěna. (Viz obr. 42)..

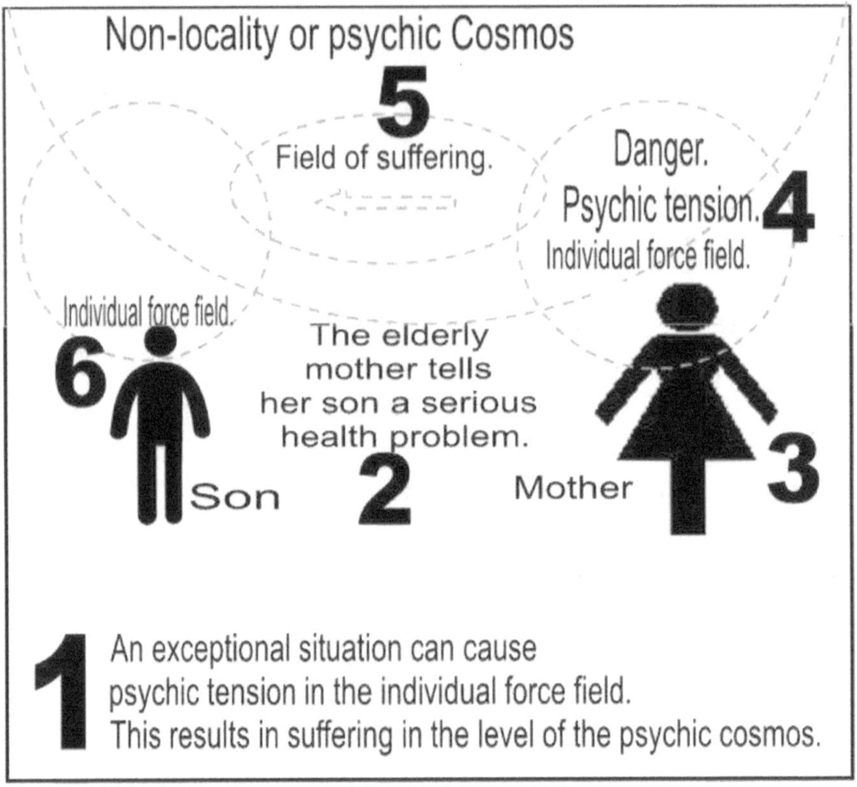
Non-locality or psychic Cosmos
5
Field of suffering.
Danger.
Psychic tension.
4
Individual force field.
Individual force field.
6
The elderly mother tells her son a serious health problem.
Son
2
Mother
3
1
An exceptional situation can cause psychic tension in the individual force field.
This results in suffering in the level of the psychic cosmos.

*Obrázek 43. Jak může dojít k telepatii. Individuální silové pole matky je ve stavu napětí kvůli potenciálně nebezpečné situaci. Utrpení se vytváří s individuálním polem dítěte, které „přijímá hovor".*

*1 Výjimečná situace může způsobit napětí v jednotlivém silovém poli. Toto napětí se v psychickém kosmu mění v utrpení.*

*2 Starší matka sděluje svému dítěti zdravotní problém.*

*3-4 Psychické pole matky je ve stavu napětí*

*5-6 Prostřednictvím nelokality se matčino pole utrpení přenáší na dítě..*

*Kvantové zapletení a telepatie.*

Všechny experimenty, které jsme popsali, jsou jen některé z nejznámějších. Prováděli je učenci, kteří ještě neznali kvantové zapletení.

Potvrzení kvantové provázanosti umožňuje všechny předpoklady o nelokální realitě, tedy o psychickém kosmu, ve kterém mohou myšlenky a myšlenky volně cirkulovat. Cirkulace může probíhat i formou telepatických přenosů.

Můžeme si představit silové pole, spojené s každým člověkem, které spojuje jeho fyzickou realitu, tedy jeho mysl a vědomí, s psychickým kosmem, kde mohou přijít do kontaktu se všemi silovými poli vesmíru.

Čím více jsou dva lidé propojeni, tím více jejich silová pole komunikují. Tyto komunikace, zrozené v naší fyzické úrovni, pokračují na nelokální úrovni, tedy v psychickém kosmu.

Ve všech experimentech bylo vždy zjištěno, že fenomén telepatie je tím silnější, čím více mezi oběma lidmi existuje pouto přátelství nebo příbuzenství, maximálně mezi matkami a dětmi.

Na obrázku 43 stará matka prochází těžkým obdobím kvůli nehodě nebo vážné nemoci. Jeho individuální silové pole, nabité napětím, dodává energii a vysílá alarm do individuálního pole dítěte.

Mezi oběma tábory je vytvořeno pole utrpení. Dítě vnímá vážnou situaci jako „volání“, které lze vyjádřit různými způsoby: slyší matčin hlas, vidí ho, vidí nebezpečnou situaci v detailech, vidí symbolický obraz, který ho nutí představit si nebezpečí.

Stejná situace je také velmi častá mezi dvojčaty.
Existuje mnoho případů dvojčat, která, i když byla po narození oddělena, zaznamenala v životě neuvěřitelné podobnosti ve svém chování. Mnozí věří, že jde o kuriózní, ale možné náhody.
Jako příklad mohu uvést případ dvojčat z Ohia (USA), Jima Lewise z Daytonu a Jima Springera z Limy, kteří byli při narození odděleni a neznali se. Výčet zápasů je skutečně velmi bohatý. Uvádí to dva učenci, kteří se o případ zajímali, Colin Wilson a Damon Wilson ve „Velké knize nevyřešených záhad".

Oba byli Jimovi pokřtěni svými adoptivními rodiči.
Oba měli ve zvyku kousat si nehty a trpěli nebo trpěli migrénami.
Oba kouřili stejnou značku cigaret.
Oba měli stejnou vášeň pro DIY.
Oba trávili dovolenou ve stejné oblasti.
Oba své děti nazývali James Allan.
Oba měli psa jménem Toy.
Oba pracovali v McDonaldu, na čerpací stanici (ne ze stejného řetězce) a jako pomocníci šerifa.
Oba se rozešli a znovu se oženili.
Jejich první a druhá manželka se jmenovaly stejně (Linda a Betty).

Můj názor je, že ve svém životě tato dvojčata pokračovala, možná nevědomě, v udržování telepatických vztahů, což je vedlo k přijetí mimořádně podobných životních rozhodnutí.

*Podivné smyslové náhody mezi dvojčaty.*

Webová stránka CICAP uvádí příklady smyslových shod mezi dvojčaty a definují je jako „rozhodně nápadné“".

"These are cases, also decidedly sensational, presented both by pairs of twins MZ (*monozygotic*) still joined, and by twins always MZ naturally and voluntarily separated in adulthood. They usually take the form of unusual coincidences in the perception of sensations that seem to derive from experiences that only one of the twins is actually experiencing, but that the other also experiences without apparent reason. This is the case, for example, of the labor pains that appeared prematurely in one of the twins and were also perceived by the other (not pregnant) who was miles away and completely unaware of the event. Like the case of Thelma Furness, who had to face a premature birth while she was in Europe, while her twin in New York Gloria Vanderbilt, totally unaware of the emergency childbirth, felt severe abdominal pains. Or the sudden fall of a twin in conjunction with a similar accident that happened to the other that was several kilometers away. Like the case of Ross Mc Whirter, shot in the head in London on the evening of November 27, 1975, while his brother Norris, an identical twin who was 30 miles away, suffered severe headache at the same time".
(https://www.cicap.org/n/articolo.php?id=273421)

*„Jedná se rozhodně o senzační případy, prezentované páry dvojčat MZ (monozygotních) stále životně spojených, ale také dvojčaty MZ oddělenými v dospělosti. Obvykle se projevují jako pocity, které ve skutečnosti prožívá jen jedno z dvojčat. I ten druhý to však prožívá bez zjevné příčiny.*

*Jde například o porodní bolesti, které se předčasně objevily u jednoho z dvojčat a pociťovalo je i druhé (netěhotné), které bylo na míle daleko a o události vůbec nevědělo.*
*Stejně jako případ Thelmy Furnessové, která čelila předčasnému těhotenství v Evropě a jejího dvojčete v New Yorku Glorie Vanderbiltové. Gloria, která si předčasný porod vůbec neuvědomovala, pociťovala silné bolesti břicha.*
*Nebo náhlá nehoda jednoho z dvojčat, zatímco podobná nehoda se stane druhému, mnoho kilometrů vzdálenému. Stejně jako případ Rosse Mc Whirtera, který byl střelen do hlavy v Londýně večer 27. listopadu 1975, zatímco jeho bratr Norris, jednovaječné dvojče, které bylo 30 mil daleko, také trpěl silnými bolestmi hlavy.*

*Individuální silové pole.*

Koncept individuálního silového pole, citovaný na obrázku 43, si zaslouží další studium.
Silové pole se skládá z energie a informací. V důsledku toho silové pole člověka obsahuje jeho energii a všechny informace týkající se jeho „Ega“ a „Já“.
Tyto informace jsou jeho příběhem, jeho zkušenostmi, čím byl, čím je a čím bude. Energie je složkou, díky které

jsou tyto informace živé a operativní. Energie a informace živé bytosti by nemohly existovat, kdyby tato osoba neměla fyzické tělo.

Ve skutečnosti jsou informace dány propletením, které ve velké jednotě spojuje a proplétá všechny částice, které jsou součástí jeho současného fyzického těla, ale i ty, které byly jeho součástí v minulosti.

Viděli jsme, jak dva fotony „narozené spolu" zůstávají vázány nefyzickým, ale psychickým poutem, které určuje takové chování, jako by byly jedním, i když odděleným.

Tato vazba platí nejen pro dvě částice, ale pro všechny částice, které se nějakým způsobem zrodily společně, nebo v každém případě úzce sdílely své zrození a existenci s ostatními.

Pozorovali jsme, že veškerá hmota vesmíru, složená z částic zrozených z počáteční exploze energie ve Velkém třesku, je vzájemně propojena tak, aby vytvořila anima mundi v nelokální dimenzi, velkou univerzální mysl. Tato mysl se skládá ze všech informací a veškeré energie vesmíru.

Na nejnižší úrovni uvažujeme všechny částice, které byly nebo budou součástí živé bytosti. Ty tvoří všechny jeho informace a veškerou jeho energii. Dá se říci, že tvoří jeho osobní „Anima mundi". Možná jen tvoří jeho duši.

Na obrázku 44 je „Anima mundi" jednotlivého jedince, kterého můžeme jednoduše nazvat „duší", absolutně osobní, protože obsahuje všechny jeho informace a historii. Ty jsou obsaženy ve hmotě, z níž se skládalo jeho tělo, a jsou spojeny propletením, které nelze rozpustit.

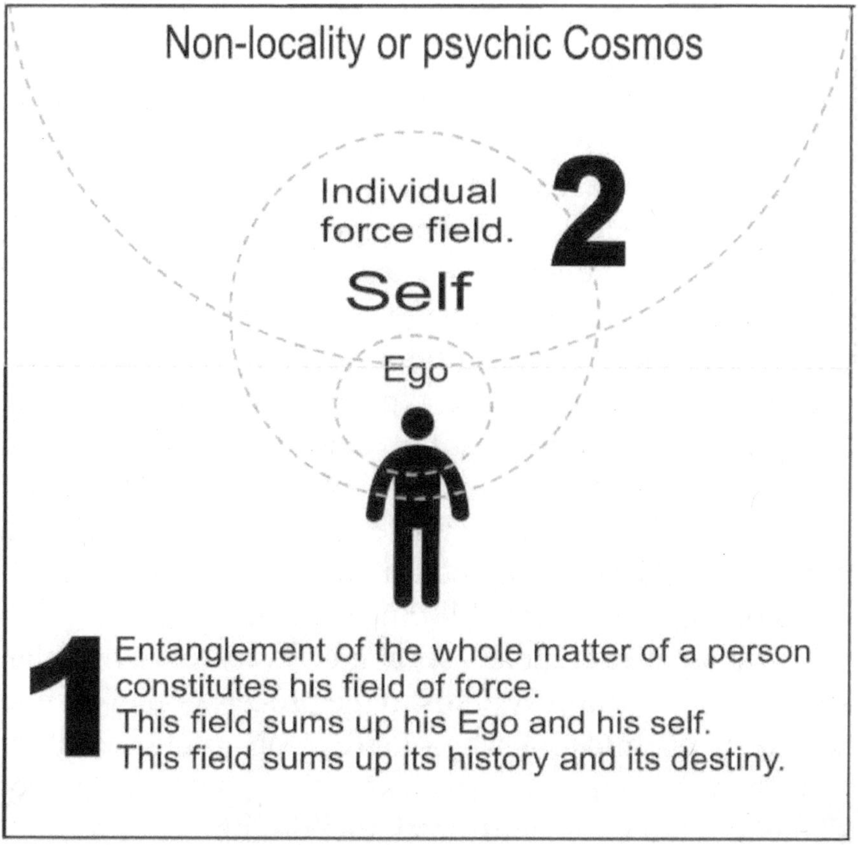


*Obrázek 44. Silové pole jakékoli „věci“ složené z hmoty je součástí psychického kosmu.*

*Korelace (provázanost) existující ve hmotě, která člověka fyzicky skládá, tvoří jeho silové pole.*

*Toto silové pole představuje součet jeho „EGO“ a jeho „SELF“. Silové pole je kompendium jeho osudu, které si sám konstruuje svými volbami..*

*Každá bytost interaguje s více poli.*

Pojmem "jednotlivý tvor" zde rozumíme jakoukoli agregaci hmoty s vlastní identitou, ať už minerální, rostlinnou nebo živočišnou.

Řeka, sedmikráska nebo kobylka, stejně jako člověk, existují ve třech již naznačených úrovních: fyzické, kvantové a psychické, a účastní se každé úrovně prostřednictvím toho, co jsme obecně nazvali silovými poli, složenými z energií a informací.

Obrázek 45 uvádí různé typy polí, kterých se každý tvor účastní. Každé silové pole se rozlišuje jako morfogenetické pole, morfické pole nebo individuální silové pole. Rozumí se, že může existovat mnoho dalších typů polí, některé známé pod různými názvy v závislosti na autorech, kteří je navrhli, jiné stále neznámé.

Morfogenetické pole obsahuje konstruktivní plán stvoření. Tento projekt představuje proces, podle kterého se různé chemické prvky, které tvoří tvora, určitým způsobem uspořádají. Projekt musí umožnit vývoj každého tvora podle vlastností jeho druhu.

Toto pole interaguje s tvory, jak se vyvíjejí, a může být ovlivněno samotnými tvory. Je to nepřetržitá interakce. To vysvětluje mutace.

<table>
<tr><th colspan="3">Each creature interacts with many force fields.</th></tr>
<tr><td>1</td><td>2</td><td>3</td></tr>
<tr><td>Morphogenetic field.</td><td>Morfic field</td><td>Individual force field.</td></tr>
<tr><td></td><td></td><td></td></tr>
<tr><td>Morphogenetic field leads the physical development in the various moments of growth.</td><td>Morfic field assures each species the correspondence to the psychological characters of the species.</td><td>Individual force field contains the personal story written by the individual himself.</td></tr>
</table>

*Obrázek 45. Hlavní silová pole, která doprovázejí tvory v jejich existenci.*

*1 Morfogenetické pole řídí fyzický vývoj v různých fázích růstu.*

*2 Morfické pole zajišťuje, že každý jedinec je v souladu s psychologickými charakteristikami druhu.*

*3 Individuální silové pole obsahuje osobní historii psanou jednotlivcem.*

Morfické pole obsahuje psychické vlastnosti druhu: instinkty, sklony, kulturní a duchovní kvality. Toto pole je také druhově a odrůdově odlišné. Interaguje s jednotlivými tvory.

Zvyšováním kulturní evoluce druhu se tento nárůst přenáší na následné prvky téhož druhu. Morfická pole lze považovat za podobná archetypům, protože také již existují jednotliví tvorové a také se liší podle toho, jak se druh vyvíjí.

Individuální silové pole obsahuje celou osobní historii tvora. To se liší od všech ostatních tvorů stejného druhu. Je to příběh budovaný životem den za dnem podle variací vlivem vnějších událostí. V případě lidských bytostí je to díky svobodné vůli.

Individuální silové pole je úzce spojeno s hmotnou částí, tedy s tělem tvora. Ve skutečnosti je mnoho zážitků fyzické povahy, to znamená, že jsou způsobeny pěti smysly.

Pokud jde o člověka, je jasné, že některé fyziologické procesy jsou většinou prováděny nevědomě. Většina akcí však vychází z osobní volby. To potvrzuje, jak jsou jednotlivá silová pole u každé živé bytosti odlišná.

Díky těmto vlastnostem lze pojem „individuální silové pole“ přirovnat k pojmu „duše”.

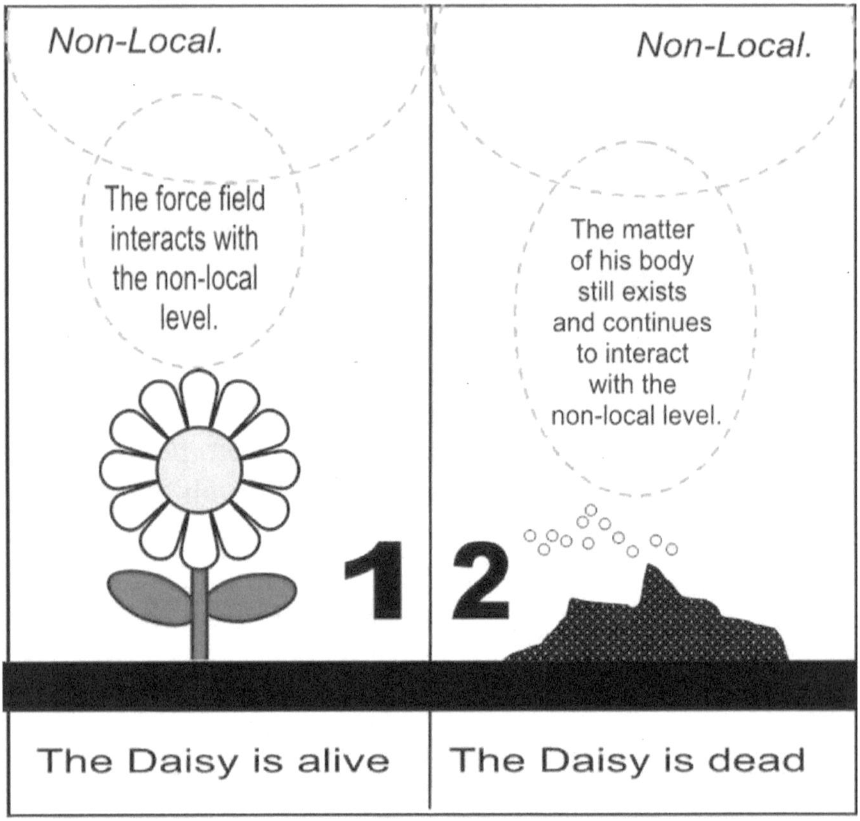


*Obrázek 46. Silové pole tvora nepřestává existovat, dokud existuje hmota tvořící jeho tělo.*

*1 Sedmikráska žije. Silové pole sedmikrásky interaguje s nelokální úrovní.*

*2 Sedmikráska je mrtvá. Částice v jeho těle jsou transformovány, ale nadále interagují s nelokální úrovní.*

*A když tvor zemře, co se stane?*

Otázka, kterou si můžeme položit, zní: co se stane s individuálním silovým polem, když tvor zemře?

Naprosto nic. Ve skutečnosti smrt nezahrnuje zničení hmoty, ale pouze její zničení.

Kosmologové dnes rádi říkají, že jsme vyrobeni z hvězdného prachu. Opravdu, je. Atomy našeho těla se budou moci stát součástí jiných těl, ale propletenec, který je spojoval, nepřestane existovat, stejně jako nepřestane existovat silové pole.

Individuální silové pole zůstává v nelokalitě, v psychickém kosmu, přispívá k obohacení myšlenek v něm obsažených a nese s sebou historii toho, co s ním bylo navždy.

Je úžasné, že každý atom, každá částice se může účastnit více silových polí. To platí i tehdy, když je znovu použit při stavbě jiných tvorů.

Je-li pravda, že po smrti tvora se hmota jeho těla může stát součástí jiných tvorů, platí také, že stejná hmota, která je součástí nyní živého tvora, byla v minulosti součástí jiných tvorů.

Nikdo nemá privilegium „být úplně nový“. Všichni jsme vyrobeni recyklací materiálů, které již byly použity miliony nebo miliardykrát.

Je totiž snadné pochopit, jak se již v průběhu našeho života nekonečné množství odpadních látek našeho těla, jako jsou pořezané nehty, pot, aerosoly z našeho kýchání, stává součástí jiných těl, ale dále se sdílí a ovlivňuje. na našem silovém poli.

Ale to nás ve vesmíru, kde je všechno jedno, nepřekvapuje. Je tedy individuální silové pole tvora nesmrtelné?

Možná. Víme, že hmota je energie a veškerá hmota ve vesmíru pochází z počátečního náboje energie, který explodoval při velkém třesku.

Je možné, že v nepředstavitelné budoucnosti se veškerá hmota vesmíru zhroutí zpět na energii. Až se tak stane, už na tom nebude záležet.

Pravděpodobně zmizí informace každého tvora, ale ne energie, která se vrátí, aby se připojila k velké, neznámé energii, ze které to všechno začalo.

Co se stane s dobrem a zlem? Možná silová pole živých tvorů ponesou do Energie svůj otisk dobra a zla.

To může stále vytvářet napětí v energii, která exploduje v novém velkém třesku vytvářejícím nový vesmír, v cyklu, který skončí pouze tehdy, když bude energie celá vyčištěna a uklidněna. Ale pak bude opravdu konec.

*Poznání budoucnosti.*

Předvídavost je schopnost mít znalosti o budoucnosti. Ti, kteří mají tuto schopnost, dokážou získat znalosti o událostech dříve, než se stanou. Mohou předem vidět místa, předměty nebo lidi tak, jak budou v budoucnu.

Pod tímto nadpisem můžeme seskupit mnoho dalších hlasů, které se často používají pro sebe, ale mají různé významy.

Tušení (apriorní pocit) spočívá v nejasné intuici, že se něco chystá, i když často nevíme co. Není neobvyklé, že předtucha vyvolává pocity úzkosti nebo tichého očekávání.

Prekognice (a priori znalost) spočívá v tom, že nejprve víme, co se stane v určité budoucnosti. V jistém smyslu předvídání představuje rozvinutější fázi než pouhá předtucha.

Předtucha je znalost jevu, který se odehrává na dálku ve stejném okamžiku, kdy je vnímáno varování.

Předtucha se skládá z emocionálního fenoménu, spojeného se získáváním budoucích událostí, před kterými jsme varováni, nebo spíše jsme zahákli. Často je to pocit, který doprovází určitou činnost, která se provádí nebo chce provést, a umožňuje nám s jistotou nahlédnout do důsledků.

Jasnovidnost (jasné vidění) je mentální vize skutečností, které se v budoucnu vyskytnou, jak se budou odvíjet, téměř jako na fotografii nebo filmu.

*Tragické dobrodružství na moři.*

V roce 1827 velrybářská loď Grampus opustila Nantucket, ostrov ve Spojených státech amerických. Ostrov se nachází 48 km jižně od Cape Cod ve státě Massachusetts. Kapitán Barnard věděl, že v podpalubí je ukryt černý pasažér, mladý Arthur Gordon, blízký přítel jeho syna Augusta.

Navíc i kapitán byl přítel Arthurova otce, a proto přijal podvod. Dohoda zněla, že jakmile bude na volném moři, přítomnost mladého muže bude „objevena“, ale on zůstane na palubě a nebude ho moci již vylodit. Tímto chtěl mladý Artuš ukojit svého dobrodružného ducha společně s Augustem.

Všechno šlo několik dní dobře, dokud Arthur přestal dostávat zprávy ani jídlo od svého přítele ve svém úkrytu. S obavami zjistil, že na palubě došlo ke vzpouře s krvavými příběhy o vraždách. Mluvilo se například o námořnících, které kuchař zabil sekáčkem, protože stál na straně výtržníků.

Artušovi, jeho příteli Augustovi a kajícímu rebelovi se podařilo vzpouru ukončit. Bohužel bouře vážně poškodila loď, která zůstala bez řízení.

Tři přátelé spolu s dalším mladým mužem jménem Richard Parker museli opustit její hledání útočiště na jiné lodi, která se objevila náhodou. I tato loď však byla opuštěna.

Zbaveni vody a jídla, vyčerpaní, se čtyři rozhodli obětovat jednoho z nich, aby ho ostatní mohli sníst, aby přežili. Jméno Richarda Parkera bylo extrahováno. Mladík byl okamžitě zabit a kanibalizován ostatními třemi. Tito se vlastně zachránili sami.

Příběh, který jsem zde stručně vyprávěl, je shrnutím povídky, kterou v roce 1837 napsal mistr hororové literatury Edgard Allan Poe. Název je „Dobrodružství Arthura Gordona Pyma“. Jde tedy o smyšlený příběh.

Ale ... jsme si jisti, že jde skutečně o příběh, který se nikdy nestal?

*Pravdivý příběh. Vrak lodi "Mignonette".*

V roce 1883 měl bohatý australský právník John Henry Want, který byl na návštěvě v Anglii, příležitost navštívit malou 16metrovou jachtu Mignonette, která byla na prodej. Zaujalo ho to a rozhodl se ho koupit.

Problém byl dostat to do Austrálie, protože je to malá loď, a proto pro tuto plavbu nevhodná. S jistými opatřeními bylo rozhodnuto nastartovat jachtu a to se stalo 19. května 1884 z anglického přístavu Southampton s cílem Sydney.

*Obrázek 47. Případ kanibalismu vyprávěný v „Dobrodružstvích Arthura Gordona Pyma" na ilustraci doby.*

Když byla Mignonette nalezena asi 1600 mil severozápadně od Mysu Dobré naděje, zasáhla ji přílivová vlna a převrhla ji. Brzy se potopila, ale posádce se podařilo uniknout do bezpečí na záchranném člunu.

Bohužel ve svém spěchu s sebou nepřinesli nic užitečného pro přežití. Ponecháni sami sobě uprostřed oceánu se rozhodli obětovat jednoho z nich, aby přežili ostatní. Neházeli losy.

Kapitán Dudley a námořník Stephens se rozhodli, že přijde řada na mladého Parkera. Místo toho se druhý námořník, Brooks, zdržel hlasování. Důvodem pro volbu bylo, že Richard Parker byl nemocný a neměl žádnou rodinu, ke které by se mohl vrátit

Všichni tři byli zachráněni díky (nedobrovolné) oběti mladého chlapce. Později byli zachráněni mezi 26. a 27. červencem 1884 lodí Montezuma u pobřeží Rio de Janeira.

Doma podstoupili soudní proces.

22. prosince 1884 byli Dudley a Stephens odsouzeni k trestu smrti. Později však po všeobecném povstání veřejného mínění ve prospěch pozůstalých byl trest snížen na šest měsíců vězení.

Všichni tři byli zachráněni díky (nedobrovolné) oběti mladého chlapce. Později byli zachráněni mezi 26. a 27. červencem 1884 lodí Montezuma u pobřeží Rio de Janeira.

*Obrázek 48. Frontispis anglického vydání povídky Edgarda Allana Poea.*

*Obrázek 49. Jachta Mignonette, malý 16metrový člun, hlavní hrdina strašlivého příběhu o ztroskotání lodi, na ilustraci doby.*

Doma podstoupili soudní proces.
22. prosince 1884 byli Dudley a Stephens odsouzeni k trestu smrti. Později však po všeobecném povstání veřejného mínění ve prospěch pozůstalých byl trest snížen na šest měsíců vězení.

*Literární nadhled.*

Takže Edgard Allan Poe ve svém fantastickém příběhu o dobrodružstvích Arthura Gordona Pyma, napsaného v roce 1837, vypráví případ kanibalismu, který zahrnuje po ztroskotání malého chlapce jménem Gordon Parker, kterého snědli další tři přeživší.

Je neuvěřitelné, že v roce 1884, o 47 let později, se tento případ skutečně stane a mladý chlapec jménem Richard Parker, který se třemi dalšími unikl potopení lodi Mignonette, se stává potravou pro ostatní přeživší.

Italská encyklopedie Treccani definuje epizody předvídavosti takto: "Předtucha je paranormální informace týkající se výskytu budoucích událostí. Obecněji je to předtucha, znamení, varovné znamení."

Když získáme pocit, že se určitá skutečnost stane, a pak se skutečně stane, necháme nás zmatenými. Jak jsme dokázali tak přesně předpovědět událost, která se stane teprve v budoucnosti?

Ve skutečnosti je předtucha nebo předvídavost mentální dynamika, která se zaměřuje na událost již obsaženou v nelokální dimenzi. Mnoho událostí, které se staly v minulosti nebo které se stanou v budoucnu, se nám najednou může zdát velmi jasné v každém detailu.

V těchto případech se naše vědomí osvobodilo od pravidel času a prostoru platných v našem rozumném vesmíru a učí se od univerzální Mysli. Tato Mysl, protože se nachází v nelokální dimenzi, nezná žádná fyzická omezení. V nelokálním prostředí jsou všechny informace vesmíru dostupné v kontextu, který nepředvídá ani předtím, ani potom, ani nyní.

V tomto kontextu se kulturní prozíravost, typická pro ty, kteří jsou zvyklí pracovat s mozkem jako spisovatelé, kreativci a učenci, daří vstupovat do univerzálního poznání nelokální úrovně. Zde získává informace, které se v našem každodenním životě mohou jevit jako očekávání budoucích událostí.

Kromě tragédie Richarda Parkera existuje mnoho dalších případů kulturní prozíravosti spisovatelů. Jedním z nejznámějších je ten, který souvisí s potopením Titaniku.

*Loď "Futility". Potopení "Titanu".*

Morgan Robertson je americký spisovatel, narozený v Oswego v roce 1831, známý svými příběhy založenými na námořních dobrodružstvích. Pro tento žánr byl kvůli svému původu zapálený, ve skutečnosti byl synem Andrewa, velitele lodí.

Zdá se, že Morgan byl vynálezcem periskopu, nebo na jeho realizaci spolupracoval. Jeho sláva však pochází téměř výhradně z příběhu, který napsal v roce 1898 s názvem Marnost. Vypráví o velké zaoceánské lodi, která se vlivem srážky s velkým ledovcem potopí do Atlantiku.

Děj příběhu se soustředí na hlavního hrdinu Johna Rowlanda, bývalého námořního důstojníka Spojených států amerických, alkoholika a degradovaného, který pracuje jako námořník na Titanu. Tato loď se jedné noci srazí s ledovcem a potopí se, ale Johnovi se podaří uniknout přímo na ledovci s dívkou.

John bude samozřejmě s pomocí této dívky zachráněn. Díky ní vyřeší své problémy s alkoholem a prožije zbytek života šťastně.

Co nás však na tomto příběhu zajímá, nejsou osobní události Johna Rowlanda, ale mimořádné náhody, které spojují pomyslné potopení Titanu a skutečné potopení Titaniku. Stalo se tak v roce 1912, tedy o 14 let později.

Zkusme vyjmenovat všechny náhody mezi oběma vraky.

*Obrázek 50. Potopení Titaniku v titulku New York Times. Vpravo obálka staré italské verze povídky Morgana Robertsona Marnost, přejmenované na „Ztroskotání Titanu“.*

*Spřízněnost mezi (fantastickým) potopením Titanu a (skutečným) potopením Titaniku, ke kterému došlo po 14 letech.*

Název.
Jedna loď se jmenovala Titan, druhá Titanic.
Oběti ztroskotání lodi.
Obě vraky si vyžádaly tisíce obětí.
Příčina ztroskotání lodi.
Obě lodě se potopí po srážce s ledovcem.
Bod dopadu.
Oba narazili na ledovec na pravoboku.
Místo ztroskotání.
V obou případech ke ztroskotání dojde asi 400 mil od Newfoundlandu.
Rychlost v okamžiku nárazu.
Oba jeli podobnou rychlostí. (25 uzlů Titan, 22,5 uzlů Titanic).
Přezdívka.
Obě lodě byly popsány jako „nepotopitelné".
Pohon.
Oba byly třívrtulové a měly dvě hřídele.
Rozměry.
Titan byl dlouhý 244 metrů, Titanic o něco více, 269.
Záchranné čluny.
Oba měli nedostatečné záchranné čluny pro všechny cestující.
Odjezd dvou lodí
Oba odešli v dubnu
Navigační trasa..

Oba byli na trase z Velké Británie do New Yorku.

Je třeba říci, že po skutečném ztroskotání byl příběh znovu publikován se změnami, aby se více podobal realitě, ale analogie, které zde uvádím, se vztahují k první verzi.

Mimořádně CICAP přichází k likvidaci problému konstatováním, že pro autora bylo celkem jednoduché představit si příběh potopení velké lodi, když jich bylo v oběhu tolik. nekomentujeme.

*Předpovídání událostí.*

Každý z nás měl někdy v životě nějakou předtuchu. Často jsou předtuchy doprovázeny fyzickými pocity jako zimnice, husí kůže, ale také „motýlci v žaludku".

Výzkumník z Kolumbijské univerzity v New Yorku tvrdí, že žaludek ve skutečnosti hostí velkou síť nervových buněk trvale spojených s emoční částí mozku. Je zřejmé, že emocionální silové pole, generované tušením, také stimuluje žaludek, aby byla emoce vnímatelná i rozumně.

Předtuchy jsou velmi časté a často zachraňují lidské životy.

V roce 1956 publikoval americký inženýr William Edward Cox článek s názvem „Precognition. Analýza „obsahující zprávu o jeho výzkumu prekognice.

V praxi Cox provedl studii porovnávající počet cestujících ve vlacích, které provozovaly běžné jízdy, s počtem cestujících ve 28 vlacích, které byly účastníky nehod.

Srovnání ukázalo výrazné snížení počtu cestujících ve vlacích, kteří utrpěli nehodu. Místo toho byl počet cestujících ve stejných vlacích, kteří cestovali bez incidentů, konstantní. (Viz obr. 51).

Cox publikoval desítky článků a výzkumů o parapsychologii a pracoval v Parapsychologické laboratoři Duke University v Durhamu v Severní Karolíně, takže nebyl improvizátorem, ale zkušeným experimentátorem. Zemřel v roce 1994.

Někteří učenci tvrdí, že předtuchy nejsou nic jiného než projev intuice. Jak již bylo zmíněno, intuice není mimosmyslové vnímání, protože čerpá z již získaných znalostí a zpracovává je, aby získala náznaky chování.

Mezi intuitivními reakcemi a již získanými znalostmi jistě existuje příčinná souvislost. V současné době však neexistuje žádná příčinná souvislost.

I když nám zkušenost říká, že dříve nebo později bude mít vlak nehodu, nemůže nám říci, že právě ten vlak to toho dne bude mít.

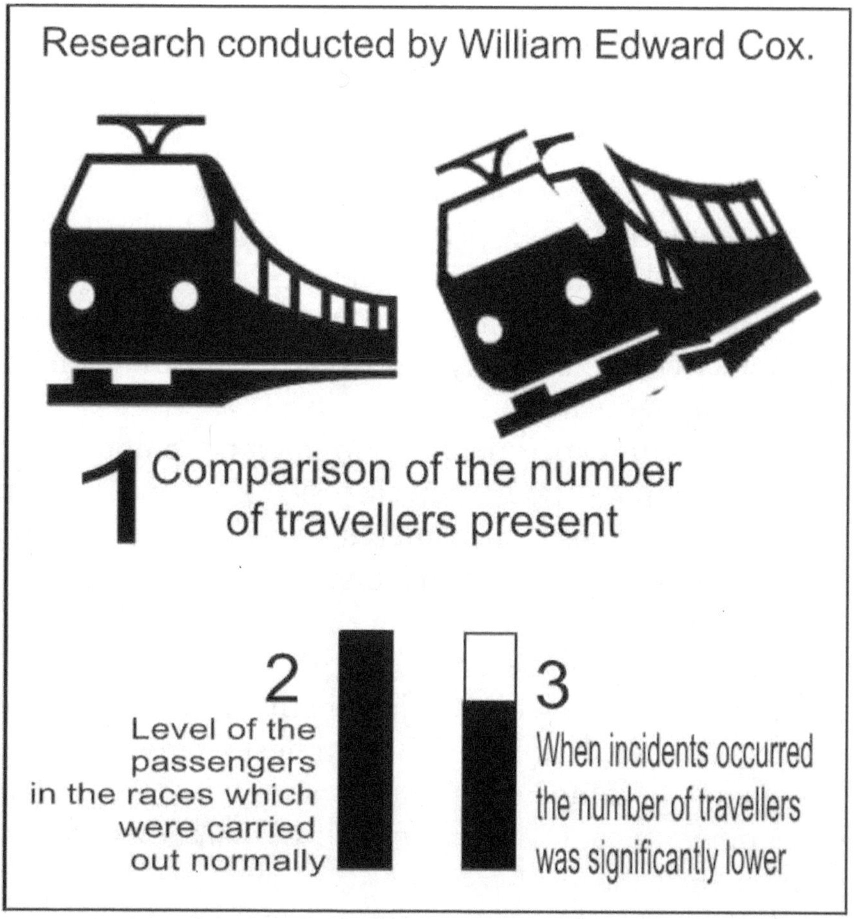


*Obrázek 51 Výzkum Williama Edwarda Coxe, který provedl srovnání mezi počtem cestujících ve vlacích v konkrétních železničních úsecích. V případech, kdy došlo k nehodám, byl počet cestujících výrazně nižší.*

*1 Porovnání počtu přítomných cestujících.*

*2 Počet cestujících ve vlacích, kteří neutrpěli nehodu.*

*3 Počet cestujících ve stejných vlacích ve dnech, ve kterých došlo k nehodě.*

*Experimenty děkana Radina.*

Dean Radin je psycholog, ředitel Consciousness Research Laboratory na University of Nevada v Las Vegas.

Patří k parapsychologům se solidním vědeckým zázemím, kteří působí v prestižních strukturách, jako jsou univerzity nebo jiná výzkumná centra.

V polovině 90. let Radin spolu se svými spolupracovníky zahájil cyklus experimentů zaměřených na ověření předtuchy.

V typickém experimentu bylo měřeno emocionální vzrušení subjektů podrobených testu. Za tímto účelem byly změny odporu kůže měřeny speciálními přístroji pomocí elektrod připojených k prstům. Víceméně jako vy v testu detektoru lži.

Základním principem je, že při změně emočního rozpoložení se mění i činnost jeho potních žláz a následně i elektrická aktivita kůže. Během testu byly subjekty vystaveny „emocionálnímu stresu“ dostatečně významnému na to, aby vyvolal významné změny v potních žlázách.

Aby toho dosáhli, byli vystaveni malým elektrickým šokům, náhlým a nepříjemným pachům. Častěji se jim ukazovaly obrázky.

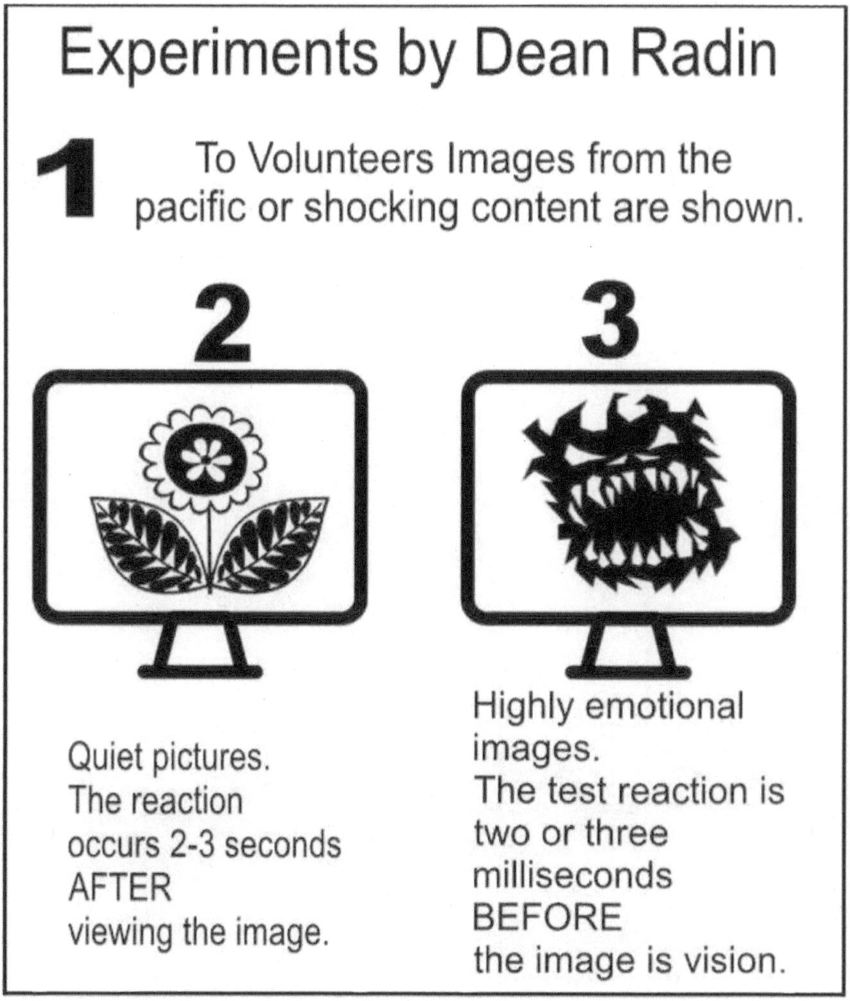
Experiments by Dean Radin
1
To Volunteers Images from the pacific or shocking content are shown.
2
3
Quiet pictures.
The reaction
occurs 2-3 seconds
AFTER
viewing the image.
Highly emotional
images.
The test reaction is
two or three
milliseconds
BEFORE
the image is vision.

*Obrázek 52. V experimentech Deana Radina byly subjekty řízené elektronickým zařízením schopny vnímat příchod šokujících obrázků dříve, než se objevily na obrazovce.*

*1 Dobrovolníci si prohlížejí některé obrázky s uklidňujícím nebo šokujícím obsahem.*

*2 V případě snímků s uklidňujícím obsahem dobrovolníci reagují 2 nebo 3 sekundy po zhlédnutí.*

*3 V případě snímků s traumatickým obsahem dobrovolníci reagují 2 nebo tři milisekundy před zobrazením snímku.*

. Fotografie krajin nebo usměvavých dětí se střídaly s fotkami mrtvol při pitvě, dopravních nehod nebo s vysoce pornografickým obsahem. Obrázky se samozřejmě náhle objevily na obrazovce. (Viz obr. 52).

Během různých sezení experimentu si Radin a jeho spolupracovníci všimli, že když viděli obrazy s klidným obsahem, subjekty si zachovaly klid.

Když se naopak promítaly snímky se silným emocionálním nábojem, subjekty reagovaly silně, což bylo možné detekovat připojenými přístroji.

Zatím dobrý, kde je to překvapení?

Překvapení spočívá v reakčních časech. Měřením reakčních časů na silné obrázky v milisekundách bylo zjištěno, že emocionální stav se měnil několik milisekund PŘEDtím, než se obrázek objevil. Stalo se to, jako by nevědomí subjektů předem vědělo, že příchozí obraz je vysoce emotivní.

*Vize budoucích katastrof.*

Svědectví o předpovídání katastrof je nespočet. Můžeme si připomenout především jeden případ, sesuv půdy, který 21. října 1966 potopil hornickou vesnici Aberfan ve Walesu.

Sesuv více než 150 000 kubíků odpadu z těžby uhlí, způsobený vytrvalými dešti z předchozích dnů, pohřbil město v 9:15. Hora trosek zasáhla i školu v době, kdy byli přítomni všichni žáci

Kdyby se to stalo o hodinu dříve, škola by byla prázdná. Mezi 144 oběťmi bylo napočítáno 128 dětí.

Ve své knize „Rozšířená mysl“ autor Rupert Sheldrake píše takto:

The psychiatrist J.C. Baker, who worked in the village after the tragedy, discovered that many people had had premonitions.
He investigated 76 cases. Of these, 3 were about dreams. Some dreams were so vivid and horrifying that those who did them would wake up with a start shouting.
Some people felt intense anguish. A ten-year-old girl, Eryl Jones, killed in the tragedy, told her mother two weeks earlier: "Mom, I'm afraid of dying" and added that she would die with her friends

*"Psychiatr J.C. Baker, který po tragédii ve vesnici pracoval, zjistil, že mnoho lidí mělo předtuchy. Celkem vyšetřoval 76 případů. Z toho 3 zahrnovaly sny. Některé sny byly živé a děsivé do té míry, že se někteří lidé probudili s křikem...Někteří lidé pociťovali intenzivní úzkost.“.*
*Desetiletá dívka Eryl Jones, která při tragédii zemřela, řekla matce před dvěma týdny: "Mami, bojím se smrti." Holčička dodala, že zemře, když bude se svými přáteli. .*
*Erylina matka se divila, proč ta holčička takhle mluvila. Den předtím Eryl řekla své matce: „Zdálo se mi, že jdu do školy a že škola je pryč. V mém snu něco černého spadlo z nebe a rozdrtilo školu." Na žádost své matky byla Eryl pohřbena vedle jejích malých přátel.”*

*Obrázek 53. První pomoc ve vesnici Aberfan (ze stránky Londranews.com)*

*Jiné typy předpovědí.*

Existují i jiné typy předpovědí, které se netýkají tragických událostí. Můžete například poznat člověka na staré fotce a krátce poté, ten samý nebo další den, se s ním můžete setkat. Někdy, poté, co jste mysleli na osobu, můžete obdržet telefonát, e-mail nebo dopis.

Jsou lidé, kteří vždy předem vědí, kdy se někdo chystá dorazit, zvláště pokud mezi nimi existují pouta náklonnosti nebo příbuzenství.

Zdá se, že předtuchy prožívají i zvířata. Zdá se, že mnozí jsou schopni předpovědět příchod zemětřesení, i když nevíme, zda to skutečně závisí na předpovědi nebo na zvláštní citlivosti, která je činí schopnými zachytit fyzické signály, které člověk dosud.

Pokusy byly také prováděny na zvířatech (psech a kočkách), která „ví", kdy se majitel vrací domů. Tato zvířata mohou očekávat návrat, i když k němu dojde v různých časech. Projevují toto vědomí jasně explicitními postoji, jako když stojí vedle dveří a vítají svého pána, jakmile přijde.

*Pocit být sledován.*

Pocit pozorování je zcela běžný a často i směrový, to znamená, že vnímáme směr, odkud nás někdo pozoruje. Když se podíváme zpět, vidíme, že skutečně existuje někdo, kdo na nás hledí.

Ve skutečnosti se nám velmi často stává, že jsme pozorovateli. Z nějakého důvodu na člověka zíráme... Najednou se tento člověk otočí a jeho pohled se setká s naším.

*Zlé oko a fascinace.*

Zákeřné pohledy jsou kuriozitou lidského chování, které bylo vždy známé a vždy se vyznačovalo negativitou. V knize Evil Eye vydané v roce 1895 Frederickem Thomasem Elworthym se tvrdí, že oko má sílu vyzařovat sílu. Když tato síla vyvěrá z oka závistivých nebo naštvaných lidí, vzduch se stává zlým.

Elworthy už měl skutečně hodné předchůdce. Víra ve zlé oko během starověku byla držena kultivovanými muži jako Aristofanes, Plutarchos a Heliodorus. Někteří kritici Sokrata tvrdili, že tento velký filozof měl zlé oko.

Nemůžeme mluvit o zlém oku, aniž bychom nezmínili jeho opak, fascinaci. To je schopnost okouzlit pohledem. Fascinace nastává, když se pozitivně zapojíme do pořadu, filmu nebo něčeho, co upoutá naši pozornost. Často nás fascinuje i chování člověka.

Fascinace je často interpretována jako navození hypnotického stavu. Ti, kteří jí trpí, nejsou schopni reagovat. Nejznámějším příkladem v přírodě je smrtící fascinace hadem, který svou oběť znehybní pouze pohledem.

Méně tragicky lze říci, že například pohled štěněte má schopnost nás fascinovat, stejně jako přirozeně pohled dítěte nebo milovaného člověka.

*Projekt „Globální vědomí“.*

V předchozí kapitole, představující experimenty Deana Radina, jsem poukázal na překvapivý rys, který z nich vyplynul. Lidé podrobení experimentu předem vnímají vzhled nejsilnějších obrázků. V těchto případech reagují s měřitelnými elektrickými signály. Odezva nastává brzy, několik milisekund předtím, než se obraz objeví na obrazovce.
Tento jev předpokládaného vnímání nepříjemných událostí byl mnohokrát zaznamenán mnoha badateli.
Otázka, kterou by si někdo mohl položit, zní: pokud je možné předem předvídat negativní situace testováním člověka, nebylo by možné testováním obyvatel města předvídat negativní události, které toto město ovlivňují?
Analogicky, pokud negativní události způsobí změny ve vědomí lidských bytostí dříve, než k nim dojde, nebylo by možné pomocí testování poruch velkých skupin populace předvídat negativní události, které ovlivňují celé národy nebo kontinenty nebo celou planetu?

*Obrázek 54, Princetonská univerzita se sídlem v Princetonu, New Jersey, je jednou z hlavních univerzit v Ivy League a je uznávána jako jedna z nejprestižnějších univerzit na světě. Zde je založen projekt globálního vědomí.*

## *Někdo to zkusil. Google Profil of Mood States (GPMOS)*

Skupina počítačových vědců a statistiků z University of Indiana se pokusila zachytit tep kolektivní nálady analýzou nálad sociálních sítí, zejména Twitteru.
K tomu použili nástroj připravený společností Google, „Google Profile of Mood States“. Vědci analyzovali po dobu osmi měsíců, od března do prosince 2008, nálady zaznamenané GPMOS, kterých je šest: štěstí, laskavost, bdělost, klid, bezpečí, vitalita.
Vybrali si období, ve kterých převládala klidná nálada, srovnali ji s trendem na burze a ověřili, že když vzorek tuto situaci vyjadřoval, burza uzavřela bez překvapení s přesností prognózy 88 procent.

## *Někdo uspěl. Projekt globálního vědomí (GCP)*

Někdo jiný se postaral o to, aby puls světa zjišťoval vědečtěji. Stalo se tak s probíhajícím výzkumem, který se odehrává v rámci projektu vytvořeného v 80. letech 20. století profesory Robertem Jahnem a Brendou Dunne z Princetonské univerzity. Projekt je "Princeton Engineering Anomalies Research".

Tento projekt se zrodil, když nám různé experimenty umožnily představit si, že by kolektivní globální vědomí skutečně mohlo existovat.

Studie spočívají v ověřování psychokinetických účinků lidských emocí na některých malých elektronických zařízeních. Jedná se o elektronické generátory náhodných čísel. Technicky řečeno RNG (generátor náhodných čísel).

Víme, že čísla mohou být lichá nebo sudá. Z tohoto pohledu jsou dvě možnosti. Proto, jak se stává při hodu mincí, po přiměřeném počtu hodů se výsledek vyrovná (50% -50%).

Dobrovolníci byli požádáni, aby se pokusili mentálně ovlivnit výstup sudých nebo lichých čísel. Bylo zjištěno, že dobrovolníci skutečně mohli vytvářet zajímavé variace s ohledem na statistiky.

Později došlo k překvapení. Vědci pozorovali, že umístěním generátorů RNG do daného prostředí se výsledky často lišily od těch, které byly statisticky předvídatelné. To se také stalo, když se nikdo nepokusil výsledky ovlivnit.

Závěr byl, že generátory RNG mohou být ovlivněny náladami lidí v jejich dosahu. Nebylo potřeba, aby se o to pokoušeli žádní dobrovolníci. Zdálo se, že existuje „vědomí komunity“ interagující s RNG, podle převládajících nálad.

Experiment dostal název „Mega Trial“. Pokračovalo za účasti dalších dvou výzkumných ústavů, ve Freiburgu a Giessenu v Německu.

V následujících letech umožnily zajímavé výsledky a větší propracovanost technologií připojit se k projektu (který dostal název „Global Consciousness Project“) mnoho dalších institutů.

Mnoho generátorů náhodných čísel bylo umístěno prakticky po celém světě, od Evropy přes USA až po Rusko a pak také v Japonsku, Brazílii, Číně, Jižní

Americe, Austrálii a Africe. Dohromady bylo instalováno kolem 150 výkonných generátorů RNG.

Tyto generátory, stále v provozu, fungují bez zásahu dobrovolníků, kteří se je snaží ovlivnit. Generují náhodná čísla (jedna nebo nula) stokrát za sekundu, přičemž provádějí předpověď a poté kontrolují, zda uhodli správně.

Podle statistik by se tak mělo stát v 50 % případů.

Ale není tomu tak vždy. Před výskytem hromadných událostí významného významu se generátory trefily do šancí mnohem častěji než je průměr, jako by jejich běžné fungování bylo ovlivněno událostmi, které nastanou krátce poté.

V praxi jsou RNG schopny zaznamenat významnou změnu v kolektivním vědomí komunit spadajících do jejich dosahu, což se projevuje větším počtem exaktních predikcí.

Pokud může událost ovlivnit celý kontinent, všechny generátory tohoto kontinentu zaznamenají stejné variace. Potvrzuje to, že několik hodin před útokem na Dvojčata v New Yorku dne 11. září 2001 byly zaznamenány obrovské špičky přesných předpovědí.

Tyto vrcholy se nadále vyskytují, lokálně nebo globálně, v hodinách předcházejících událostem, které brzy poté emocionálně zahrnou populace nacházející se v jejich dosahu.

Nutno říci, že na generátory působí nejen negativní události, ale i pozitivní, jak se to stalo při příležitosti zahajovacích ceremoniálů olympiády nebo jiných velkých mezinárodních sportovních akcí.

Jediným problémem je, že ve většině případů nám nástroje umožňují pochopit, kdy je lidstvo v napětí kvůli něčemu, co se musí stát, ale není možné určit, jak a kde se to stane.

*„Projekt globálního vědomí" dnes.*

V letech 1980 až 2002 pokračovaly projektové práce pod vedením prof. Roger D. Nelson, který je nyní jejím koordinátorem. Profesor. Nelson se specializuje na studium vědomí a záměru a role mysli ve fyzickém světě. Jeho práce spojuje vědu a spiritualitu. Zahrnuje výzkumný model, který se přímo zaměřuje na četné společné zkušenosti.

Nelson použil technologii RNG ke studiu účinků specifických stavů vědomí v lidských skupinách.

Ta se nyní skládá z globálně distribuované sítě RNG, které nepřetržitě odesílají data na server umístěný na Princetonské univerzitě.

Síť byla navržena tak, aby zaznamenávala náznaky toho, že globální vědomí vstupuje do vzrušení při velkých světových událostech, jako jsou počátky válek, přírodní katastrofy, velké sportovní události a velké oslavy, jako je Nový rok.

*Obrázek 55. New York, 11. září 2001. Nástroje „Projektu globálního vědomí“ registrují velmi silné napětí ve světové populaci dvě hodiny před dopadem letadla na první věž.*

*Případ „Twin Towers" v New Yorku.*

Snad nejtragičtější událostí hlášenou „Projektem globálního vědomí" byla ta, ke které došlo v New Yorku 11. září 2001, při útoku na Dvojčata a jejich zhroucení.

Ten den skutečně došlo k sérii čtyř sebevražedných útoků, při kterých zahynulo kolem 3 000 lidí a dalších 6 000 bylo zraněno.

Dean Radin, který se na projektu podílí, ve své knize „Entangled Minds" popisuje chování RNG aparátů následovně:

"In examining the results of the analysis, we noticed that something unusual happened that day. On 11 September 2001, the curve of the graph underwent an incredible deviation in comparison with the other days examined. It turned out that this curve peaked about two hours before the hijacked plane crashed on the first of the Twin Towers, in New York, at 8.46 am local time.
There is no easy answer to the question of why the curve peaked before the terrorist attack, although it does remind us of the data obtained from precognition experiments. What caused this big change? Has the massive coherence achieved by the whole of minds, at world level, that day been reflected in the behavior of random number generators? It seems that things have gone this way. "

*„Při zkoumání výsledků rozboru jsme si všimli, že se ten den stalo něco neobvyklého. Dne 11. září 2001 prodělala křivka grafu neuvěřitelnou odchylku ve srovnání s ostatními zkoumanými dny.*
*Na otázku, proč křivka dosáhla vrcholu před teroristickým útokem, není snadná odpověď, i když nám připomíná data získaná z prekogničních experimentů".*

## *Závěry. Je ten správný čas?*

Od úsvitu civilizace lidstvo vždy postupovalo nelineárním způsobem, ačkoli darwinismus podporoval teorii postupné evoluce druhů, které postupně prostřednictvím příznivých mutací postupovaly po cestě adaptace na podmínky prostředí, tzv. nazvaný „fyletický postupnost“.

V roce 1972 dva učenci, Stephen Jay Gould a Niles Eldredge, navrhli teorii „přerušovaných rovnováh“. Na základě studia fosilií oba vědci zpochybnili lineární progresivitu evoluce. Argumentovali tím, že tento druh zůstává stabilní po dlouhou dobu a poté se mění během krátkých období.

V praxi dochází k evolučním změnám poměrně rychle, pod popudem selektivních sil prostředí; tyto výbuchy evolučních variací by byly proloženy dlouhými obdobími stability.

Oba vědci měli na mysli evoluci druhů na biologické rovině, ale je zřejmé, že pokud jde o člověka, je biologická evoluce doprovázena i evolucí kulturní.

Sami jsme si totiž ve 14. kapitole položili otázku, proč zůstal člověk v době kamenné téměř čtyři miliony let nehybný, aby se pak za posledních 12 000 let vyvinul neuvěřitelnou rychlostí až do věku informačních technologií. (viz obrázek 30).

V tomto ohledu jsem podpořil zásadu správného času. Pro všechno existuje správný okamžik, aby se to uskutečnilo, okamžik, kdy vnější objektivní podmínky jsou příznivé, aby to usnadnily.

Správný okamžik se projevuje řadou synchronicity, která vybízí k „chopit se okamžiku.“ Synchronicity stimulují jednotlivce nebo celou komunitu, aby se pustili do dobrodružství změny.

Jsou správné chvíle pro každého z nás, ale především jsou správné chvíle pro agregace, národy, celé lidstvo.

To jsou okamžiky, ve kterých je možné udělat ohromné skoky v povědomí o nových úrovních kultury a civilizace, k nimž je třeba usilovat. V těchto případech zvláště silné, trvalé a opakované synchronicity tlačí muže k evolučnímu skoku.

Věřím, že zažíváme jeden z těchto okamžiků, tedy přechod od civilizace hmoty k civilizaci hmoty spojené s psychikou.

K tomuto cíli nás vede neuvěřitelná řada synchronicity. Zažijeme evoluční fázi mysli, ve které se vše změní. Pokud má lidstvo odvahu udělat tento skok, nic už nebude jako dřív.

Byli jsme svědky rozvoje kvantové fyziky, neuvěřitelného objevu nelokální reality, ve které se zapletení odehrává, nedávného vývoje projektu „Global Consciousness“. To vše se shoduje s teoriemi psychoterapeuta Carla Gustava Junga o kolektivním nevědomí. Mnoho vyplynulo z Jungova setkání a spolupráce s kvantovým fyzikem Wolfgangem Paulim.

Mohli bychom si připomenout desítky a desítky dalších náhodných událostí, například studie Ruperta Sheldrakea o morfických polích nebo teorii holografického vesmíru fyzika Davida Bohma.

Všechny tyto události soustředěné v posledních padesáti letech představují bouřlivou řeku synchronicity, která generuje víry schopné smést staletí přesvědčení, která již nejsou v souladu s realitou.

Mezi těmito smetenými přesvědčeními najdeme na prvním místě materialismus. V důsledku toho je smetena nedůvěra a odsouzení, které definovaly mimosmyslové vjemy „iluze a podvody“.

Je pravda, že ve všeobecném zmatku toho využily celé armády nepoctivých, aby oklamaly ostatní tím, že se chlubily údajnými schopnostmi nebo schopnostmi. To mělo za následek diskreditaci a popření celku.

Je na čase vrátit fenoménu mimosmyslových vjemů důvěryhodnost. K tématu je třeba přistupovat vážně. Musíme si být vědomi, že řeč mimosmyslových jevů je nám stále neznámá. Nyní však víme, že gramatika a slovník existují, a můžeme tvrdě pracovat na jejich studiu

.

# *Bibliography*

**Amir Dan Aczel,** Entanglement. The greatest mystery of physics.
**Barbour Julian,** End of the time.
**Barrow John David,** From zero to infinity. The great story of Nothing.
**Barrow John David,** The numbers of the universe,
**Barrow John David,** Why is the world a mathematician?
**Barrow John David, look Frank** The anthropic principle.
**Beitman Bernard,** Messages from coincidences.
**Cambray Joseph,** Synchronicity. Nature and Psyche In a connected universe.
**Cantalupi Tiziano, Santarcangelo Donato,** Psychism and reality. .
**Capra Fritjof,** The Tao of physics.
**John Cederquist,** Coincidences They don't exist.
**Cesati Cassin Marco,** We're not here by chance.. The power of coincidences.
**Subrahmanyan Chandrasekhar,** Truth and Beauty. The reasons for aesthetics in science.
**Chinnici Giorgio,** Case Guard. The secret mechanisms of the quantum world
**Chopra Deepak,** Coincidences
**Ford Kenneth,** The world of Quanta. Quantum physics For everyone.
**Gamow George,** The Adventures of Mr. Tompkins.
**Gamow George,** Mr. Tompkins ' New World.
**Goswami Arneb,** Quantum Lighting Guide.
**Greene Brian,** The plot of the cosmos. Space,
**Greene Brian,** The hidden universes of parallel reality And the profound laws of the cosmos.
**Greene Brian,** The elegant universe. Superstrings, hidden dimensions and the pursuit of definitive theory.
**Hawking Stephen** The Universe in a nutshell.
**Hawking Stephen** The theory completely. Origin and destination Dell Universe.
**Hawking Stephen** The great history of the time.

**Hawking Stephen** Do Big Bang For black holes. A brief history of the universe.
**Heckler, Richard,** Coincidences.
**Robert Hopke,** Nothing happens by chance.
**Joseph Frank,** The power of coincidences.
**Young Carl** The analysis of Dreams. Archetypes of the unconscious. Synchronicity.
**Young Carl** Memories, DreamsReflections.
**Kane Gordon,** The Garden of Particles Elemental.
**Shani Mani** Quantum. From Einstein In Bohr, quantum theory, a new idea of reality..
**Rei Hans,** Christianity and Chinese religiosity.
**Lederman Leon, Hill Christopher,** Physical Quantum for Poets
**Licata Ignazio,** Watching the Sphinx.
**Motterlini Matteo,** Mental traps.
**Peat David,** Synchronicity. A union between the matter e Psyche.
**Popper Karl,** The Ego and your brain.
**Radin Dean.** Intertwined minds. Psychic phenomena explained by quantum physics.
**Rhine Louisa,** Psychokinesis. in mind Dominates matter..
**Schumacher Ernst,** A guide to the Perplexed, the B
**Sheldrake Rupert,** The illusions of Science.
**Sheldrake Rupert,** The mind Extended..
**Michael Smith,** Young and Shamanism.
**Sparzani and Panepucci. (**Curators**)** Young and Pauli. The original correspondence: The meeting between psyche and matter.
**Henry Stapp** Quantum theory and free will..
**Michael Talbot,** All is a. Feltrinelli
**Teodorani Massimo,** Bohm. The Physics of Infinity.
**Teodorani Massimo,** in mind Creative. From the physical universe to intelligent life.
**Teodorani Massimo,** The entanglement. The Weave In the quantum world: particles To consciousness.
**Teodorani Massimo,** Synchronicity. The link between physics and psyche. Da Pauli Young ' s Next In Chopra.
**Teodorani Massimo,** The Atom and the particles Elementary.
**Seems Frank** The physics of Immortality.
**John White,** The encounter between science and spirit..
**Claudio Widmann,** Synchronicity and coincidences Significant.
**Claudio Widmann,** Introduction to Synchronicity.

Bruno Del Medico, blogger, spisovatel, editor, specializující se na šíření problémů souvisejících s aktuálním společenským děním a novými hranicemi vědy. Je autorem mnoha textů souvisejících s nedávnou pandemií a specializované řady o kvantové fyzice a metafyzice.

www.ingramcontent.com/pod-product-compliance
Lightning Source LLC
LaVergne TN
LVHW040426051026
849517LV00002B/475
* 9 7 9 8 2 1 5 9 6 8 0 4 8 *